高等学校"十四五"
生命科学规划新形态教材

土壤学实验及实习指导

主　编　曹　靖

副主编　郭瑞英

编　者（按姓氏拼音排序）

　　　　蔡立群　曹　靖　次　仁

　　　　郭瑞英　沈　喜　王　锐

主　审　李小刚

中国教育出版传媒集团
高等教育出版社·北京

内容提要

《土壤学实验及实习指导》是与土壤学课程配套的实验实践教材。本教材围绕土壤样品的采集和制备,土壤物理性质、土壤有机碳、土壤水分、土壤化学性质、土壤养分、土壤生物学性质等项目的测定方法以及野外土壤剖面观察和描述,基于土壤学实验教学中的要求,分 8 章详细介绍测定项目的实验目的、方法选择、实验原理、结果分析、注意事项、思考题等内容。实验分析项目的测定方法除保留常规、经典的方法外,还引入现代仪器分析方法,并对同一分析项目列出几种方法,以满足不同院校的教学需求。本书配套部分实验项目的教学课件,附录部分给出了一些与土壤理化分析相关的常用资料,供读者参考。

本书适合作为生态学和农林等专业学生的土壤学实验教材,也可供相关领域科技人员参考使用。

图书在版编目（CIP）数据

土壤学实验及实习指导 / 曹靖主编；郭瑞英副主编.
－－ 北京：高等教育出版社，2023.9

ISBN 978-7-04-059607-6

Ⅰ. ①土… Ⅱ. ①曹… ②郭… Ⅲ. ①土壤学－实验
Ⅳ. ① S15-33

中国国家版本馆 CIP 数据核字 (2023) 第 007181 号

Turangxue Shiyan ji Shixi Zhidao

封面照片 兰州大学生态学院孙国钧教授提供

策划编辑　王　莉	责任编辑　赵晓玉	封面设计　李小璐	责任印制　赵义民

出版发行	高等教育出版社	网　址	http://www.hep.edu.cn
社　址	北京市西城区德外大街4号		http://www.hep.com.cn
邮政编码	100120	网上订购	http://www.hepmall.com.cn
印　刷	北京中科印刷有限公司		http://www.hepmall.com
开　本	850mm×1168mm　1/16		http://www.hepmall.cn
印　张	8.5		
字　数	200 千字	版　次	2023 年 9 月第 1 版
购书热线	010-58581118	印　次	2023 年 9 月第 1 次印刷
咨询电话	400-810-0598	定　价	23.00 元

数字课程（基础版）

土壤学实验及实习指导

主编 曹靖

新形态教材网 **Abooks**

关于我们 | 联系我们 　　登录/注册

土壤学实验及实习指导

曹靖

开始学习　　收藏

本数字课程提供纸质教材部分实验的教学课件、参考文献，为教师课堂教学和学生自主学习提供参考。

http://abooks.hep.com.cn/59607

扫描二维码，打开小程序

▶ 前　言

　　土壤是陆地生态系统中最活跃的生命层，是地球生态系统物质循环和能量交换的枢纽。以土壤为研究对象的土壤学经过了百年多的发展，形成了独具特色的学科框架和知识体系。土壤学知识在资源利用、环境保护、农业可持续发展和生态系统服务等方面发挥着重要作用。土壤学既是地理学、农学和生态学研究中不可或缺的基础学科之一，又是一门基础性、实践性、应用性很强的交叉学科。土壤学实验与实习是生态学专业土壤学课程教学内容的重要组成部分。根据生态学专业创新人才培养模式的需求，结合土壤学科的新成果、新技术和新标准的发展方向，我们在长期的教学和科研实践经验积累的基础上编写了本教材。

　　本教材旨在帮助学生学习和掌握土壤学基础理论知识，验证土壤学基本原理和现象，加强学生对土壤学课程内容的理解，进一步提高学生的综合实验技能，培养学生从基础动手能力向专业技术水平方向发展，为今后独立开展相关研究工作奠定基础。全书包括基本的土壤物理、化学和生物学性质及土壤养分含量的测定方法，有些指标的测定除介绍常规、经典的方法外，还引入现代仪器分析方法，对同一分析项目提供几种测定方法，具有较强的可操作性和实用性。

　　全书共分 8 章，主要内容包括土壤样品的采集和制备、土壤物理性质分析、土壤有机碳含量分析、土壤水分的测定、土壤化学性质分析、土壤养分含量分析、土壤生物学性质分析、野外土壤剖面观察和描述。本教材不仅适用于生态学和农林等专业的学生，也可供相关领域科技人员参考使用。

　　参加本教材编写的人员有：兰州大学曹靖、郭瑞英、沈喜，甘肃农业大学蔡立群，宁夏大学王锐，西藏大学次仁。曹靖负责全书统稿，沈喜负责全书文字、化学式和图片的编校。兰州大学李小刚教授主审，对书稿提出了修改意见。

　　本教材的编写得到了兰州大学教材建设基金的资助。时任兰州大学生命科学学院教学院长的冯虎元教授促成本教材编写和立项，并且对教材的整体布局提出建设性意见。高等教育出版社王莉编辑提出了许多宝贵意见和建议。在此一并谨致以衷心的感谢!

　　由于编者学识和时间有限,书中难免存在错误和不妥之处,恳请广大读者及时提出意见和建议,以便今后进一步修正和完善。

编 者

2023 年 2 月于兰州

目　录

参考文献

第1章
土壤样品的采集和制备

土壤样品采集是指从野外、田间、室内培养或者栽培单元中取出具有代表性的一部分土壤的过程。采样得到的土壤样品经过适当处理和制备供分析使用。根据研究目的不同，土壤样品的采集分为土壤剖面样品的采集、原状土样品的采集和混合样品的采集。土壤剖面样品的采集详见本书第8章。原状土样品的采集主要涉及一些物理指标，如容重、水稳性大团聚体等，具体的采样方法在相应实验里有详细介绍。本章介绍最基本和常用的土壤采样方法——混合样品的采集。

土壤样品制备，是指土壤样品从田间采集后经历混匀、干燥、研磨和过筛的过程。野外采集的新鲜土样除了立即进行与微生物活动、氧化还原条件、挥发性物质等相关的性状（如亚铁、还原性硫、易还原性锰、硝态氮、铵态氮、易降解和易挥发有机物等）分析以外，其余样品需要及时干燥，以抑制土壤微生物的活动和化学变化，使所得分析结果更为稳定，也便于长期保存。新鲜土壤样品首先应剔除土壤以外的侵入体（如植物残根、昆虫尸体和砖头石块等）和新生体（如铁锰结核和石灰结核等），之后尽快在阴凉干燥处风干。

土壤样品的采集和制备对分析结果影响很大。采样误差往往比分析测定的误差更大，样品制备不当也对实验结果有很大影响。因此，土壤样品的采集和制备是实验研究工作的一个重要环节，是确保土壤分析结果有效的先决条件，直接关系到实验结果及结论的正确与否。为使分析的少量样品能反映一定范围内土壤的真实情况，必须按正确的方法采集和处理土样。

实验1　土壤混合样品的采集

混合样品是指在一个采样单元（一块地、一个小区或者一个盆钵）内把多点采集的土样等量混合所构成的土壤样品。多点采样是为了增加样品的代表性，同时可减少样品分析量。混合样品的采集是为了分析采样单元中某种性状或物质含量的平均水平。

【实验目的】

掌握土壤混合样品采集的原则与方法。

【混合样品的采集原则】

土壤是一个复杂的、高度不均匀的体系，给土壤样品的采集带来了很大的困难。因此，采集的样品对所研究的对象（总体），必须具有最强的代表性。一个土壤样品只能代表一种土壤条件，由两个差异极大的土样混合而成的混合样品，所得分析结果不能代表两种情况下土壤性质的"平均值"。在这种情况下，必须分别取样。

混合样品是由总体中随机抽取出来的一些个体组成的。个体之间存在差异性，因此样品也存在着变异。个体差异越小，样品的代表性越强，反之亦然。在采样设计中，随机性的采样设计能够确保组成总体的每个个体均有同样的机会被选入样品，实现采样点的随机布局。运用随机数据表或由电脑随机生成的布点模式可以获得各采样点的随机布局。

【混合样品的采集方法】

1. 确定采样单元

为使混合样品具有代表性，需要正确划定采样单元，每一采样单元取一个混合土样。划定采样单元时，应事先了解该地区的土壤类型、植被类型与状况、地形因素、农田等级和管理措施（耕作、施肥及灌溉）等。同一采样单元内上述情况力求基本一致。

2. 确定采样点数

采样误差主要源于土壤的空间变异性，采样必须尽可能使空间变异性影响最小化，而使所测参数的平均值精度最大化。因此，确定采样点数很重要。采样点数太多，会导致时间、人力和物力的巨大投入，而采样点数太少，则可能会降低样品的代表性，不能反映土壤的真实状况。在理想情况下，应该使采样点数最少，而样品的代表性又最强，在人力和物力有限的情况下，工作效率达到最高。

混合样品的采样点数取决于所研究性状的变异程度和要达到的精度，通常采样点数可由下式确定：

$$n = \frac{t^2 s^2}{d^2}$$

式中：n 为应采样点数；t 为选定置信水平（通常为 95%）在设定的自由度和概率时的 t 值（查 t 值表）；s^2 为方差，$s^2 = (R/4)^2$（R 为全距，即研究区内所研究的土壤性质的最大值与最小值之间的差距，可根据区域内已有的研究资料进行估算）；d 为分析者希望所研究性状的变异范围。

例如，在一个研究土壤有效磷水平的采样区，事先了解到土壤有效磷的变化为 $0 \sim 13$ mg·kg^{-1}，所希望的平均结果的变异约为 1.5 mg·kg^{-1}，在设定自由度为 10 和概率 $P = 0.05$ 时，$t = 2.23$（查 t 值表），则采样点数为：

$$n = \frac{2.23^2 \times \left(\frac{13}{4}\right)^2}{1.5^2} \approx 23$$

即在上述条件下需要将 23 个采样点混合成一个混合样。如果自由度为 23，经查 t 值表 $t = 2.069$，则采样点数为：

$$n = \frac{2.069^2 \times \left(\frac{13}{4}\right)^2}{1.5^2} \approx 20$$

如果我们所要求的概率降低为 0.10，同时田块变异较小，为 $0 \sim 5 \ \text{mg} \cdot \text{kg}^{-1}$，则采样点数为：

$$n = \frac{2.069^2 \times \left(\dfrac{5}{4}\right)^2}{1.5^2} \approx 3$$

此时每个混合样品含 3 个采样点即可。可见，土壤均一程度是决定采样点数最主要的因素，一般情况下，一个采样区内的采样点数为 20 ~ 30 个。水田田块在 0.5 hm² 以下时，采样点为 10 个即可。

3. 布置采样点

由于土壤的不均一性，每个个体都存在一定程度的变异。因此，采集样品时一般按照一定采样路线和"随机"多点混合的原则布置采样点。对于混合样品，一般是按 S、N、X、W 形线路布置采样点（图 1–1），然后将土壤混合，但其前提是采样区土壤性状大体是均匀的。当土壤性质、植被类型、生长状况、过去土地利用方式或管理方法差异较大时，可以分区后再应用这种方法采样。这种方法不适于点源污染或点源变异的样地。采样地点应避开田边、路边、沟边和特殊地形区域以及堆肥点。

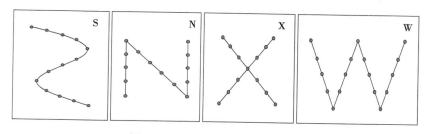

图 1–1　混合样品采样点布置图

以大田控制实验的土壤采样为例。大田控制实验一般是在上述条件相对一致的地块上安排不同处理（如肥料或水分处理等）的小区试验，设置重复，完全随机排列（图 1–2A），以比较不同处理之间的差异。然而，通常情况下，实验单元都存在一定的异质性，如田块中存在缓坡或土壤肥力沿着一定方向的梯度变化。在这种情况下，一般按照变化方向划分区组（一个区组相当于一组重复），然后将试验处理随机安排到每个区组的小区中（图 1–2B）。以处理小区为采样单元，根据采样单元面积确定采样点数，在每个处理小区中按照 S、N、X 或 W 形线路进行采样，并分别按处理小区混合，形成代表每个处理小区的土壤样品（以图 1–2A 的处理 1 为例）。在一系列处理中，采用相同的布点模式可能造成对实验误差的错误估计，运用随机数据表或由电脑随机生成的布点模式可以获得各处理采样点的随机布局。

4. 确定采样深度

采样深度取决于研究对象和研究目的。大多数情况下在表层取样，农田表层土壤深度一般在 15 ~ 20 cm，草原表层土壤深度一般在 5 ~ 15 cm。研究土壤养分在土壤剖

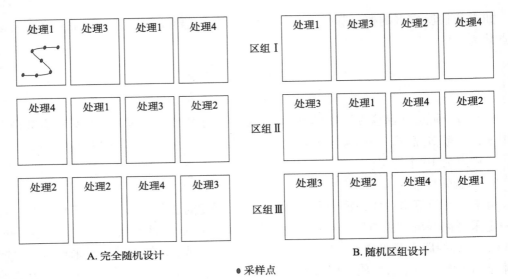

图 1-2　控制实验中处理小区的排列及小区采样点布置图

面的垂直分布或迁移时，除采集表层土壤外，还需采集深层土壤，采集深度多在 1 m 以上。深层土壤除按照土壤发生层次采集外，还会按照一定土层间隔（如 0 ~ 20 cm、20 ~ 40 cm、40 ~ 60 cm、60 ~ 80 cm、80 ~ 100 cm 等）进行采集。

5. 确定采样时间

土壤的某些性状（如有效养分）因季节不同而变化，主要与气候（气温、降水等）、植被（养分吸收）以及管理措施（施肥、耕作等）有关。研究易迁移的土壤养分时，应尽可能地在播种前或在土壤生物活性较低时采集土样。秋季一般在土壤温度低于 10 ℃ 时采集土样，此时土壤养分水平变化较小；播种前的春季采样可选在土壤解冻后尽快进行。对于农田土壤而言，施肥对土壤物理化学性质特别是养分供应状况的影响很大，一般在作物生长季前（播种或返青前）和收获后采集土壤样品。

此外，采样时间与研究目的有关。研究生长季土壤养分供应状况并进行推荐施肥时，一般需要根据作物生育时期进行样品采集。研究土壤性状演变时，在实验初期（2 ~ 4 年）采样频率要高一些，之后采样间隔可适当延长。采样时间长短还取决于分析项目，如研究土壤全量养分（有机质、全氮、全磷、全钾等）时一般采样间隔较长，研究有效养分（如有效氮、有效磷、有效钾等）时采样间隔较短。

【采样工具】

1. 管形土钻

下部是一圆柱形开口钢管，上部是柄架，根据工作需要使用不同管径的土钻（图 1-3）。管形土钻取土速度快，又少混杂，特别适用于大面积、多点混合样品的采集，但它不适用于松散的砂质土壤或干硬的黏重土壤的取样。

图1-3　管形土钻及采样图

2. 小土铲

在切割的土面上根据采土深度用土铲采取上下一致的一薄片（图1-4）。这种土铲在任何情况下都可使用，但比较费工，一般不推荐在大范围、多点混合样品的采集中使用。

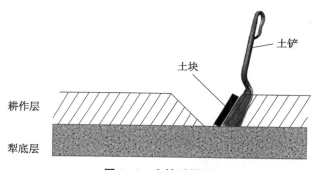

图1-4　土铲采样图

3. 其他

土壤袋（布袋或封口袋）、米尺、标签、铅笔、牛皮纸、瓷盘或塑料盘、木棒、广口瓶。

【采样步骤】

采样单元内，在确定好的每个采样点上，先除去地表杂物，再用土钻垂直插入一定深度的土层中（图1-3），取出一均匀土柱，装入干净的土壤样品袋（布袋或塑料封口袋）中。如无土钻，也可用小土铲采样（图1-4）。用小土铲取样时，需保证每个采样点采取的土层厚度、深度、宽度基本一致。各采样点所采集的土样混匀后构成混合土样，装入同一土壤样品袋中，土样袋内外附上标签，标签上用铅笔注明采样地点、土壤名称、采样深度、采样日期、采样人等。如果测定项目必须使用新鲜土样，土壤样品采集后应立刻放入事先准备的冰盒或液氮罐中，然后带回实验室。如果土样过多，可用四分法取舍（图1-5），即将土样摊放在牛皮纸或瓷盘状器物上，充分混匀后，铺成正方形（图1-5），划对角线分成四份，淘汰对角两份，再把保留的部分合在一起，如此反复，直到保留的土样达到实验分析所需质量（一般为0.5～1 kg），将保留的土样装入干净的布袋或塑料封口袋中，袋内外附上标签，注明采样地点、土壤名称、采样深度、采样

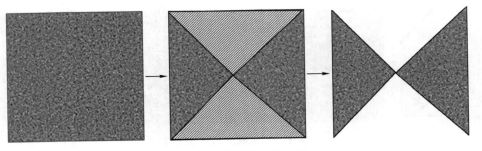

图 1-5 四分法采样步骤

日期、采样人等。同时做好采样记录。

【采样记录】

土壤样品取回后，必须要有详细的记录，主要包括以下几个部分：

1. 采样地点：具体到省（区、市）、县、村（农户）、地物特征、经纬度坐标、海拔。

2. 采样地基本情况：土地利用状况、植被类型、地形、坡度以及相关的主要管理措施。

3. 采样时间：年、月、日。

4. 采样方法：包括采样点的布置方法、采样点间距、混合采样点的数量、采样深度等。

5. 采样人：参与采样人员的姓名及其分工。

6. 照片记录：实地拍照或短视频。

【注意事项】

1. 土壤样品不能在明显缺乏代表性的地点进行采集，如建筑物、道路、村庄、沟渠边及堆肥点。

2. 采集表层土壤样品时，需先清除地表石块以及植被凋落物，然后再采取土样。

3. 为减少土壤样品的交叉污染，采样后要对采样器具进行更换或清理干净。

4. 采样过程中除对土壤样品的物理特性、周边环境特征等做详细的现场记录外，还应有照片记录。

5. 采样时应注意采土深度、上下土体保持一致。

【思考题】

1. 采集土壤样品时应注意哪些事项？

2. 为使采集的土样具有最大的代表性，且分析结果能反映田间实际情况，应如何使采样误差降低到最低程度？

3. 采集一个具有代表性的混合土壤样品有哪些要求？

实验 2　土壤样品的制备和保存

【实验目的】

掌握土壤样品制备和保存的原则、方法和步骤。

【土壤样品制备的目的】

1. 去除非土壤成分，如碎石、瓦片、塑料、植物残体等，以及一些新生体（如铁锰结核和石灰结核），使分析结果能够代表土壤组成。

2. 经过适当研磨和过筛，为后续分析提供均匀一致的土壤样品，使所称土样具有较高的代表性，以降低称样误差。不同分析项目对土壤样品的研磨程度要求不同。

3. 土壤样品经制备处理（风干）后，微生物活动受到抑制，可以长期保存。

【实验器材】

1. 土壤筛

标准筛孔对照表见表 1-1。

表 1-1　标准筛孔对照表

筛网目数	筛孔直径 /mm	筛网目数	筛孔直径 /mm
2.5	8.00	35	0.50
3	6.72	40	0.42
3.5	5.66	45	0.35
4	4.76	50	0.30
5	4.00	60	0.25
6	3.36	70	0.21
7	2.83	80	0.177
8	2.38	100	0.149
10	2.00	120	0.125
12	1.68	140	0.105
14	1.41	170	0.088
16	1.18	200	0.074
18	1.00	230	0.062
20	0.84	270	0.053
25	0.71	325	0.044
30	0.59		

2. 其他

土壤袋（布袋或塑料袋）、广口瓶、标签、记号笔、牛皮纸、广口瓶。

【实验操作与步骤】

从野外取回的土样，经登记编号后，其制备过程可分为新鲜土样和风干土样的制备与保存两类（图 1-6）。

1. 新鲜土样的制备与保存

在测定土壤硝态氮、铵态氮、亚铁、微生物生态分析以及生物化学性质等项目时，必须采用新鲜土样，因为这些成分在放置或风干过程中会发生显著改变。

（1）新鲜土样的制备

野外采集的新鲜土样品应立即处理。首先去除肉眼可见的动植物残体和较大的石砾，然后根据分析项目过筛，需要通过的筛子孔径一般为 2 mm。有些项目需要立刻测定，如果不能及时测定，可在每 0.5 kg 土样中加入 2~3 mL 甲苯，密闭后冷藏保存，以阻止微生物活动，抑制硝化或氨化作用。

（2）新鲜土样的保存

① 4℃冰箱保存：用于硝态氮、铵态氮以及微生物生物量 C、N 等指标的分析。

② 冷冻干燥保存：当分析某些土壤生物化学性质（如土壤 DNA、脂类等）或土壤有机污染物时，快速冷冻是保存土壤样品的一种方法。

2. 风干土样的制备与保存

（1）风干土样的制备

野外采回的土壤样品最好在 1~2 d 内制备完成。具体步骤：首先将样品平铺在瓷盘状器物中或牛皮纸上，摊成约 2 cm 厚度，然后置于晾土架上进行风干，并随时翻动，使之均匀风干；若有较大土块，应在半干时用手捏碎。风干场所必须干燥、通风良好，防止阳光直射，注意不得受酸碱蒸汽、水气、NH_3、H_2S、SO_2 等及尘埃侵入，以免影响分析结果。采回的土样风干时间不宜过长，如果样品过湿，也可以在烘箱中烘干，温度设置为 40~50℃，以快速干燥样品。样品干燥后，挑出粗大的动植物残体、石块等

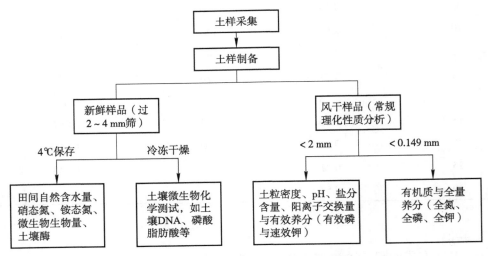

图 1-6 土壤样品处理及相关分析项目

杂物。

（2）风干土样的磨细和过筛

风干后的土样用木棒在木板上压碎，不可用铁棒或矿物粉碎机磨细，以防压碎粒径大于 2 mm 的石块或污染土样。压碎的土样用孔径为 2 mm 的筛子过筛。筛上未通过的土壤团聚体需要用木棒、橡胶棒等碾压破碎，直至全部通过为止。粒径 2 mm 这一指标在土壤分析上非常重要，按照国际通用的土壤粒级分类标准，定义了土壤物质与非土壤物质之间的区别。对于不能通过 2 mm 筛孔的动植物残体和石砾，切勿研碎，应丢弃。如果石块较多，必须拣出、称重，计算其占全部风干土样质量的百分数（注意：土壤粒径分析时，不包括直径 > 2 mm 的石砾）。大的动植物残体也需要单独称重记录，少数细碎的植物根、叶经碾压后能通过 2 mm 筛孔者，可视为土壤有机质部分，不再挑出。

上述通过 2 mm 筛孔的土样，经充分混匀后保存，一般用于土壤颗粒粒径组成、土壤颗粒密度、吸湿水含量、pH、阳离子交换量、有效养分含量等项目分析。如果分析土壤全量养分（如全氮、全磷、全钾、有机质含量等），需要从上述样品中通过四分法再取 20 ~ 50 g 样品，用玛瑙研钵或者球磨仪研磨，使之全部通过 0.149 mm 筛孔，然后装入广口瓶，贴上标签，供测定之用（图 1-6）。

（3）风干土样的保存

需要长期保存的土壤样品，如长期定位实验样品和标准样品，可保存在广口瓶中。不需要长期保存的样品用布袋或封口袋保存即可。样品瓶或样品袋上须贴上标签，注明土样编号、采样地点、土类名称、试验区号、采样深度、采样日期、采样人和筛孔径等信息。

【思考题】

1. 土壤样品制备的目的是什么？土壤样品制备应包括哪些流程？

2. 制备土样时为什么过筛 < 2 mm 和 < 0.149 mm 的土样必须反复研磨使其全部过筛？

3. 处理通过孔径 2 mm 及 0.25 mm 孔筛的两种土样，能否将两种筛套在一起过筛，分别收集两种土壤筛下的土样进行分析测定？为什么？

第2章
土壤物理性质分析

本章介绍土壤物理性质的测定，主要有土壤颗粒粒径分布、土壤大团聚体组成及其稳定性、土壤微团聚体、土壤容重和土粒密度的分析方法，以及土壤空隙度的计算。在方法选择时，尽量采用国内外普遍使用的常规方法，有些实验中列出了几种测定方法，可根据实验室仪器设备条件和实际情况选用。

实验 3　土壤粒径分析

土壤是由固相、液相、气相三相组成。土壤矿物颗粒是土壤固相的主要组成部分。土壤粒径分析是对不同粒级的矿物颗粒含量的分析。各粒级矿物颗粒的相对含量即颗粒组成，也称为土壤的机械组成。土壤粒径分析是把土粒按粒径大小分成若干级，并加以定量，从而得出土壤的颗粒组成，以此确定土壤的质地类型。由于各种颗粒分级标准不同（表 2–1），因此相对应的土壤质地分类也不同。土壤质地对土壤的水、热、肥、气状况都有深刻影响。

土壤粒径分析的方法有比重法、吸管法和激光粒度仪法。比重法操作较简单，适于大批量测定，但精度差，计算非常麻烦。吸管法虽然操作烦琐，但结果较准确。这里仅介绍吸管法和激光粒度仪法。

表 2–1　国内外常见的土壤粒级制

土壤粒级	土壤粒径 /mm			
	国际制	美国制	卡钦斯制	中国制
石砾	> 2	> 2	> 1	> 1
砂粒	2 ~ 0.02	2 ~ 0.05	1 ~ 0.05	1 ~ 0.05
粉粒	0.02 ~ 0.002	0.05 ~ 0.002	0.05 ~ 0.001	0.05 ~ 0.002
黏粒	< 0.002	< 0.002	< 0.001	< 0.002

3–1　吸　管　法

【实验目的】
学习使用吸管法测定土壤颗粒组成的原理和方法。

【实验原理】

土壤颗粒分析，就是通过各种方法把土粒按粒径大小分成若干级，并对其进行定量，从而计算出土粒的颗粒组成。本法由筛分及静水沉降结合进行，将粒径较粗的各级土粒（>0.1 mm）采用一定孔径的筛子分离出来。对粒径较细的各级土粒（≤0.1 mm）则由土粒在静水中沉降的吸管法测定。从土壤总量中减去粉粒和黏粒的含量即可得到砂粒的含量。

首先让土粒充分分散，筛分出 >0.1 mm 土粒，然后让剩余的土粒在一定容积的水溶液中自由沉降。根据斯托克斯（Stokes）定律，粒径越大的颗粒沉降越快，据此可以计算出某一粒径的土粒沉降至某一深度所需要的时间。在上述计算时间用吸管在该深度处吸取一定体积的悬液，该悬液中所含土粒的直径则必然都小于计算所确定的粒级直径。将吸出的悬液烘干，然后称取残渣质量，计算出小于该粒径土粒的含量。根据需要，在给定深度和不同时间吸出悬液，便可将不同粒级的土粒分离并计算其含量。

根据斯托克斯定律，土粒在介质中沉降时，其沉降速度与土粒半径的平方成正比，而与介质的黏滞系数成反比。其关系式如下：

$$v = \frac{2}{9} gr^2 \frac{\rho_1 - \rho_2}{\eta}$$

式中：v 为土粒沉降速度（cm·s^{-1}）；g 为重力加速度（981 cm·s^{-2}）；r 为土粒半径（cm）；ρ_1 为土粒密度（g·cm^{-3}）；ρ_2 为介质（水）密度（g·cm^{-3}）；η 为介质（水）的黏滞系数（g·cm^{-1}·s^{-1}）（表 2-2）。

表 2-2　不同温度下水的黏滞系数（η）

温度/℃	η/（g·cm^{-1}·s^{-1}）	温度/℃	η/（g·cm^{-1}·s^{-1}）	温度/℃	η/（g·cm^{-1}·s^{-1}）
4	0.01567	13	0.01203	22	0.009579
5	0.01519	14	0.01171	23	0.009358
6	0.01473	15	0.01140	24	0.009142
7	0.01428	16	0.01111	25	0.008937
8	0.01386	17	0.01083	26	0.008737
9	0.01346	18	0.01056	27	0.008545
10	0.01308	19	0.01030	28	0.008360
11	0.01271	20	0.01005	29	0.008180
12	0.01236	21	0.009810	30	0.008007

如，球体做匀速沉降时，$s = vt$，式中：s 为沉降距离（cm）；v 为沉降速度（cm·s^{-1}）；t 为沉降时间（s）；故

$$t = \frac{s}{\frac{2}{9} gr^2 \frac{\rho_1 - \rho_2}{\eta}}$$

由上式可求出不同温度下，不同直径的土壤颗粒在水中沉降一定距离（10 cm）所需的时间。

【实验器材与试剂】

1. 实验器材

电子天平（感量 0.01 g，0.001 g），电热板或砂浴炉，烘箱，搅拌器（图 2-1），改良的大肚吸管（25 mL，图 2-2），多向吸耳球，量筒（1 L，用做沉降筒用），土壤筛（孔径 2 mm），大漏斗（7～9 cm），洗筛（直径约 6 cm，孔径 0.1 mm），瓷蒸发皿，硅胶管，容量瓶，小漏斗，小烧杯，三角瓶，铝盒，真空干燥器。

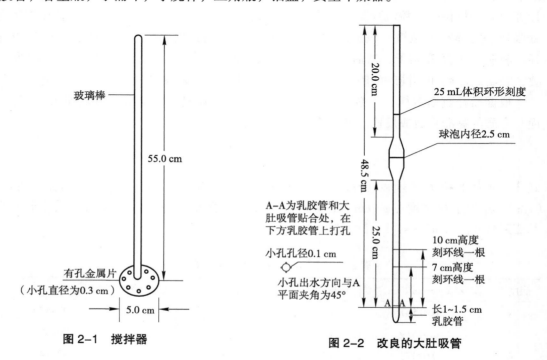

图 2-1　搅拌器　　　　　　　　图 2-2　改良的大肚吸管

2. 实验试剂

（1）0.5 mol·L^{-1} 六偏磷酸钠溶液：51 g 六偏磷酸钠 [(NaPO$_3$)$_6$，化学纯] 溶于水，定容至 1 L（用于碱性土壤）。

（2）0.5 mol·L^{-1} NaOH 溶液：20 g 氢氧化钠（NaOH，化学纯）溶于水，定容至 1 L（用于酸性土壤）。

（3）0.5 mol·L^{-1} 草酸钠溶液：33.5 g 草酸钠（Na$_2$C$_2$O$_4$，化学纯）溶于水，定容至 1 L（用于中性土壤）。

（4）异戊醇 [(CH$_3$)$_2$CHCH$_2$CH$_2$OH，化学纯]。

（5）6% H$_2$O$_2$ 溶液：200 mL 过氧化氢（H$_2$O$_2$，30%）稀释至 1 L。

（6）0.2 mol·L^{-1} HCl 溶液：16.7 mL 浓盐酸（化学纯，相对密度 1.19）稀释至 1 L。

（7）0.05 mol·L^{-1} HCl 溶液：4.2 mL 浓盐酸（化学纯，相对密度 1.19）稀释至 1 L。

（8）10% 氢氧化铵溶液：10 mL 浓氨水（化学纯，相对密度 0.90）稀释至 100 mL。

（9）10% 乙酸溶液：10 mL 乙酸（CH_3COOH，化学纯，相对密度 1.05）稀释至 100 mL。

（10）40 g·L^{-1} 草酸铵溶液：4 g 草酸铵［$(NH_4)_2C_2O_4$，化学纯］溶于水，稀释至 100 mL。

（11）10% HNO_3 溶液：10 mL 浓硝酸（化学纯，相对密度 1.40）稀释至 100 mL。

（12）50 g·L^{-1} $AgNO_3$ 溶液：5 g $AgNO_3$（化学纯）溶于 100 mL 蒸馏水中。

【实验操作与步骤】

1. 样品准备

称取 3 份过 2 mm 孔径的风干土样 10.00 g（通常黏土称取 10.00 g，其他质地称取 20.00 g 或更多）置于铝盒中，用于测定土壤吸湿水含量，作为计算各级土粒百分数的基数。

如果已知土壤含有机质、碳酸盐较多，则另称 4 份风干土样 10.00 g，在样品分散前去除有机质和碳酸盐（见注意事项 1 和 2）。处理后的土样其中 1 份用于测定盐酸洗失量，另 3 份用于制作颗粒分析的悬液。

2. 制备悬液

（1）对于去除有机质及碳酸盐的 3 份处理好的样品，分别全部洗入 500 mL 三角瓶中，加入 0.5 mol·L^{-1} NaOH 溶液 10 mL，再加入蒸馏水定容至 250 mL 左右，摇匀后在瓶口盖上小漏斗，将三角瓶放在电热板或砂浴炉上加热煮沸，用玻璃棒搅拌悬液以免土粒粘结瓶底，保持微沸 1 h，使土样充分分散，然后冷却。样品分散以煮沸法较为适用，此外还有振荡法、研磨法。

（2）对于无须去除有机质及碳酸盐的样品，称取 3 份过 2 mm 孔径的风干土样 10.00 g，置于 500 mL 三角瓶中，加少量蒸馏水湿润样品，根据土壤 pH 加入不同分散剂分散（以每 10 g 样品为例，石灰性土壤加 0.5 mol·L^{-1} 六偏磷酸钠溶液 10 mL，中性土壤加 0.5 mol·L^{-1} 草酸钠溶液 10 mL，酸性土壤加 0.5 mol·L^{-1} NaOH 溶液 10 mL），然后加蒸馏水定容至 250 mL，浸泡过夜。再将三角瓶中的土液摇匀后，煮沸制备悬液（步骤同上）。如煮沸过程中泡沫较多，可加 1~2 滴异戊醇去沫，防止悬液溢出。

3. 筛分处理

先在 1 L 沉降筒上放置一大漏斗，漏斗上放置 0.1 mm 孔径的洗筛，将上述冷却后的悬液倒入筛子上，用蒸馏水使 ≤0.1 mm 的土粒全部洗入沉降筒中，用带橡皮头的玻璃棒轻擦，直至筛下流出的水色澄清为止。将筛下土液加蒸馏水定容至 1 L，备用。然后将筛上 >0.1 mm 的土粒弃置。如果需要细分各级土粒的含量，则将筛上部 2~0.1 mm 的土粒洗至已知质量的瓷蒸发皿或小烧杯中，在电热板上蒸发至干，再放入 105~110℃ 烘箱中烘至恒重，过不同孔径土壤筛，分别称重、计算筛上各级的土粒含量。

4. 沉降吸样

测定沉降筒中悬液温度，按斯托克斯定律公式计算 0.02 mm、0.002 mm 土粒沉降至 10 cm 处所需的时间，即为吸液时间。将改良的 25 mL 大肚吸管（图 2-2）与多向吸耳球连接，在吸管下端 10 cm 高度处用记号笔做一记号。用搅拌器上下搅动悬液 1 min（速度约为上下各 30 次），注意在搅拌时一定要触及底部，向上拉至离液面 3 ~ 5 cm，以免压入空气产生气泡而影响读数。若在搅拌后液面有气泡产生，可立即滴加异戊醇消除。自搅拌器离开液面时开始计时，按 < 0.02 mm 土粒沉降所需时间（表 2-3），提前 20 s 把吸管小心插入悬液中，吸管刻度记号处与沉降筒内液面重合，到指定时间的前 10 s 开始吸取悬液 25 mL（20 s 内完成）。将吸出的悬液注入已知质量的瓷蒸发皿或小烧杯中，并用少量水冲洗吸管。将瓷蒸发皿先在电热板或砂浴炉中蒸至将干，然后放入烘箱内烘至恒重（6 h），在真空干燥器内冷却后用电子天平称重（感量 0.000 1 mg），计

表 2-3　不同温度下不同粒径的土壤颗粒沉降 10 cm 所需要的时间

温度 /℃	粒径 /mm					
	< 0.05	0.02	< 0.01	< 0.005	0.002	< 0.001
10	58″	6′04″	24′11″	1 h 36′57″	10 h 08′10″	40 h 24′15″
11	57″	5′53″	23′34″	1 h 34′13″	9 h 51′00″	39 h 15′40″
12	55″	5′44″	22′54″	1 h 31′18″	9 h 43′40″	38 h 10′48″
13	53″	5′34″	22′18″	1 h 29′11″	9 h 29′20″	37 h 09′38″
14	52″	5′26″	21′42″	1 h 26′40″	9 h 02′40″	36 h 10′20″
15	51″	5′17″	21′08″	1 h 24′31″	8 h 48′10″	35 h 12′52″
16	49″	5′09″	20′35″	1 h 22′22″	8 h 34′40″	34 h 19′07″
17	48″	5′01″	20′04″	1 h 20′17″	8 h 21′40″	33 h 27′14″
18	47″	4′54″	19′34″	1 h 18′18″	8 h 09′20″	32 h 37′11″
19	46″	4′46″	19′05″	1 h 16′21″	7 h 57′10″	31 h 49′00″
20	45″	4′39″	18′38″	1 h 14′34″	7 h 45′10″	31 h 02′40″
21	44″	4′33″	18′11″	1 h 12′44″	7 h 34′30″	30 h 18′11″
22	43″	4′26″	17′45″	1 h 11′01″	7 h 23′50″	29 h 35′22″
23	42″	4′20″	17′20″	1 h 09′21″	7 h 13′30″	28 h 54′24″
24	41″	4′14″	16′56″	1 h 07′46″	7 h 03′30″	28 h 14′22″
25	40″	4′08″	16′38″	1 h 06′16″	6 h 54′0″	27 h 36′23″
26	39″	4′03″	16′11″	1 h 04′44″	6 h 44′50″	26 h 59′19″
27	38″	3′58″	15′50″	1 h 03′22″	6 h 35′50″	26 h 23′44″
28	37″	3′52″	15′29″	1 h 01′58″	6 h 27′26″	25 h 49′26″
29	36″	3′47″	15′10″	1 h 00′39″	6 h 19′00″	25 h 16′05″
30	36″	3′43″	14′50″	59′22″	6 h 11′00″	24 h 44′01″

注：h 代表小时，′代表分，″代表秒。吸液深度 10 cm，土粒密度 2.65 g·cm^{-3}。

算 < 0.02 mm 土粒含量。无需搅动悬液，继续用上述方法吸取 25 mL 悬液，测定并计算 < 0.002 mm 土粒含量。

【结果计算】

（1）$m_2 = \dfrac{m_1}{\text{土壤吸湿水含量} + 100} \times 100$

（2）洗失量 $= \dfrac{m_2 - m_3}{m_2} \times 100\%$

（3）0.02 ~ 0.002 mm 颗粒含量（ω_2）$= \dfrac{(m_4 - m_5) \times t_s}{m_2} \times 100\%$

（4）< 0.002 mm 颗粒含量（ω_3）$= \dfrac{(m_5 - m_6) \times t_s}{m_2} \times 100\%$

（5）2 ~ 0.02 mm 颗粒含量（ω_1）$= 100\% - (\text{洗失量} + \omega_2 + \omega_3)$

式中一般以烘干土为计算基础，m_1 为风干土样质量（g）；m_2 为烘干土样质量（g），对有机质、碳酸盐含量较高的土壤，须用去除了有机质及碳酸盐的烘干土为计算基础（m_3）；如果洗失量很少，可认为 $m_2 = m_3$；m_3 为去除了有机质及碳酸盐的烘干土样质量（g）；m_4 为 < 0.02 mm 颗粒与分散剂的质量（g）；m_5 为 < 0.002 mm 黏粒与分散剂的质量（g）；m_6 为分散剂的质量（g）。由于加入悬液中的分散剂本身有质量，故对 < 0.1 mm 各级颗粒含量需校正。由于在计算中各级含量依次递减而得，所以分散剂占烘干样品质量（或占洗除有机质和碳酸盐后烘干样品质量）的含量，可直接在 < 0.002 mm 部分减去。t_s 为分取倍数，悬液体积除以 25（吸取的 25 mL 悬液）。

【注意事项】

1. 对有机质含量较高（$\geqslant$ 20 g·kg^{-1}）的土壤，分散前应预先用 H_2O_2 溶液去除有机质。去除有机质的方法：将称好的 4 份风干土样（如不做脱钙处理，称取 3 份即可）分别放入 250 mL 的高型烧杯中，加少量蒸馏水使土样湿润，然后加入 6% H_2O_2 溶液 20 mL，用玻璃棒搅拌，使有机质充分与 H_2O_2 接触反应，直至土色变淡，无明显气泡，反应停止。反应过程中会产生大量气泡，为防止样品溢出，可适当摇动烧杯或加异戊醇消除气泡。过量的 H_2O_2 用加热方法去除，冷却后，弃去上清液。如已知土壤有机质含量很低，则无须去除。

2. 如果土壤中有较多的碳酸盐，则需要用盐酸进行脱钙。去除 $CaCO_3$ 的方法：在上述去除有机质的土壤中小心加入 0.2 mol·L^{-1} HCl 溶液，直至无气泡发生。若样品 $CaCO_3$ 含量较高，可适当增加 HCl 浓度。经 HCl 溶液处理的样品，需再用 0.05 mol·L^{-1} HCl 溶液淋洗 Ca^{2+}。为缩短淋洗时间，每加入一定量 0.05 mol·L^{-1} HCl 溶液，待滤干后再加入少量稀 HCl 继续淋洗。取 5 mL 淋洗液于小试管中，滴入 10% 氢氧化铵溶液中和 HCl，再加数滴 10% 乙酸溶液使呈微酸性，加入几滴 40 g·L^{-1} 草酸铵溶液，稍加热。若有白色草酸钙沉淀，说明样品中仍有 Ca^{2+} 存在，需继续加稀 HCl 淋洗，直至没有白色草酸钙沉淀产生为止。

脱钙的土样，还需用蒸馏水淋洗去多余的 HCl 和其他氯化物。为此，淋洗后再取少量（5 mL）淋洗液于小试管中，加入数滴 10% HNO_3 溶液使滤液酸化，再加入 $50\ g \cdot L^{-1}$ $AgNO_3$ 溶液 1~2 滴，若有白色 AgCl 沉淀，则需继续淋洗直至无白色沉淀为止。用蒸馏水淋洗样品，随电解质的流失土壤趋于分散，滤液渐趋混浊，说明这时土样中的 Cl^- 含量已极微，可立即停止淋洗以免土壤胶体损失，影响分析结果的准确性。取上述处理过的样品于已知质量的容器（如烧杯）中，先在电热板上加热蒸干水分，再放入 105~110℃ 烘箱中烘至恒重。求得去除有机质和碳酸钙的烘干土样质量（m_3）。计算 HCl 洗失量。此时计算各粒级土壤百分比以酸洗后烘干土质量为基础。

3. 为保证土壤颗粒的独立匀速沉降，分散处理要充分，搅拌时上下速度要均匀，不应有旋涡流产生。

【思考题】

1. 为什么用钠盐溶液作为分散剂？

2. 土粒悬液搅拌前为什么要测量悬液的温度？土粒沉降期间为什么不能移动沉降筒？

3-2　激光粒度分析仪法

【实验目的】

了解激光粒度分析仪的测定原理，并学习其使用方法。

【实验原理】

激光粒度分析仪是通过物理激光散射的方法来测试固体颗粒的大小和分布的一种粒度分析仪器。激光粒度分析仪一般采用 MIE 散射原理，仪器内的激光器发射出一束具有一定波长的激光束，此激光束经过滤镜后成为平行的光束照射到颗粒上，因为粒径不同，从而产生光散射现象。散射光的角度与颗粒直径的大小成反比；散射光的强度随反射角度的增加而呈对数规律衰减。散射光经过滤镜后投射在角度检测器上，检测器通过计算散射光的能量分布，可以推测颗粒的大小及分布特性。

采用湿法分散技术，通过超声波振荡使土壤样品中团聚的颗粒充分分散，利用电磁循环泵使大小颗粒在整个循环系统中均匀分布。实验中，先放入分散介质和待测样品，启动超声波仪使样品充分分散，然后启动循环泵，测试结果以粒度分布数据表、分布曲线、比表面积等方式显示。

【实验器材与试剂】

1. 实验器材

激光粒度分析仪 Master Size 2000，电热板，超声波仪，烧杯，吸管，容量瓶。

2. 实验试剂

（1）H_2O_2 稀释液：量取一定体积的双氧水（H_2O_2），加入两倍体积的去离子水，混匀即可。

（2）HCl 溶液：量取一定体积的浓 HCl，加入两倍体积的去离子水，混匀即可。

（3）分散剂：称取 36 g 六偏磷酸钠 $[(NaPO_3)_6]$ 放入烧杯中，加少许去离子水溶解后转入容量瓶定容至 1 L。

【实验操作与步骤】

1. 样品处理

称取过 2 mm 孔径的风干土样 0.2 ~ 0.5 g，放入 50 mL 小烧杯中，加少量蒸馏水使样品湿润，先加 10 mL H_2O_2 稀释液，将烧杯置于电热板上加热，并用玻璃棒搅拌，加 H_2O_2 稀释液要少量多次，直到待测样品中加入 H_2O_2 后没有细小泡沫产生为止，将过量的 H_2O_2 在电热板上加热排除。如果样品中含有碳酸盐，则需在盛有样品的小烧杯中分次滴加 HCl 溶液，用玻璃棒搅拌，直至样品中所有碳酸盐全部分解，煮沸至混合物变清即可，注意样品加热时要不断用去离子水冲洗烧杯内壁，切记不可烧干！样品冷却静置 12 h 后，用吸管将上清液吸出，至剩余约 20 mL 溶液即可，再向处理的样品中加入 10 mL 分散剂，并超声处理 5 ~ 10 min，即可上机测量。

2. 上机测定

根据选用的激光粒度分析仪型号，按说明书操作进行测定。

【结果计算】

激光粒度分析仪测定结束后，输出粒径为 0.02 ~ 2 000 μm 的土壤颗粒粒径分布结果。

【注意事项】

1. 黏性大的土壤称样量可适当减少，砂性土壤则适当增大。有机质含量低的土壤称样量可适当减少，有机质含量高的土壤则适当增大；$CaCO_3$ 含量低的土壤称样量可适当减少，含量高的土壤则适当增大，以保证达到其测定要求的最佳颗粒含量范围。

2. 土壤样品处理要彻底，否则测定的黏粒含量偏低。

3. 激光粒度分析仪使用前要充分预热，待系统稳定后再进行测定。

4. 完成一个样品的测定后，必须用去离子水清洗循环系统，一般不少于 3 次。

【思考题】

激光粒度分析仪测定土壤粒径分析的原理与吸管法有何区别？

实验 4　土壤大团聚体组成的测定

土壤团聚体是土粒通过胶结团聚过程形成的一定大小的土团。稳定性与粒径分布是团聚体的两个重要特征，也是两个相互关联的概念。团聚体稳定性是指土壤团聚体抵抗外来破坏性作用力而不破碎的能力，它影响着土壤的一系列物理性质，特别是水分入渗和土壤侵蚀。团聚体的粒径分布是指土壤中不同粒级团聚体的百分含量，决定土壤对风和水的搬运作用的敏感性，影响着耕作土壤孔隙的大小，进而影响土壤入渗、径流、侵蚀及肥力状况。通常将直径 > 0.25 mm 的团聚体称为大团聚体，≤ 0.25 mm 的团聚体称为微团聚体。

团聚体可分为水稳性与非水稳性两种。水稳性团聚体大多是由钙、镁、腐殖质胶结而成，在水中经振荡、浸泡、冲洗而不易崩解，仍维持原来的结构。非水稳性团聚体是由黏粒胶结而成，或是由电解质凝聚而成，浸水后迅速崩解为组成土块的各颗粒成分，不能保持原来的结构状态。一般都是根据团聚体在静水或流水中的崩解情况来识别它的水稳性程度。团聚体水稳性一般按湿筛法分出的直径 > 0.25 mm 的水稳性团聚体含量高低进行评定，它在一定程度上能够反映土壤结构的好坏。

土壤大团聚体组成的测定方法可分为人工筛分法和机械筛分法两种。根据水稳性处理方法，分为干筛分析和湿筛分析。干筛分析是土壤在风干状态下进行筛分，测定土壤中各级大团聚体组成，可以反映土壤抵抗风蚀的能力。湿筛分析是在干筛分析粒径组成的基础上，将土壤在水中进行筛分，以测定水稳性大团聚体的组成，可以反映土壤抵抗水蚀的能力的高低。

4-1　人工筛分法（萨维诺夫法）

【实验目的】

掌握筛分法（包括干筛分析与湿筛分析）测定土壤团聚体的原理及方法。

【实验原理】

土壤中各级大团聚体组成的测定，主要通过不同孔径组成的一套筛子对土壤样品进行筛分，然后分别烘干称量，计算各粒径大团聚体的占比。人工筛分法测定土壤团聚体包括干筛（把风干土用筛子筛分）和湿筛（在水中筛分）两个过程。干筛是确定土壤中各级大小团聚体的数量，湿筛是确定土壤中水稳性团聚体的数量。

【实验器材】

1. 电子天平（感量 0.01 g），电热恒温干燥箱，1 L 沉降筒，干燥器，大号铝盒（直径 5.5 cm），水桶（直径 33 cm、高 43 cm），干燥器。

2. 孔径为 5 mm、2 mm、1 mm、0.5 mm、0.25 mm 的土壤筛组（直径 20 cm、高 5 cm）一套。

【实验操作与步骤】

1. 土壤样品采集与制备

通常是采集表层土壤，根据需要也可以分层采样。野外采样时要注意土壤的湿度，以不黏附铁铲且接触不变形时为宜。在田间多点采集有代表性的原状土样，剥去与铲面接触的部分，放入白铁盒或铝盒内，采样量为 1.5 ~ 2.0 kg。装样和运输时要避免振动或翻倒，以保持土壤结构不变形。将土样在室内稍加风干，将原状土沿自然结构面轻轻地剥开，剥成直径 10 ~ 12 mm 的小土块，剔去石砾和可见根系等残杂物，将土样摊平，风干备用。

2. 干筛分析

（1）取上述风干土样约 500 g（精确到 0.01 g），分次装入筛孔直径依次为 5 mm、2 mm、1 mm、0.5 mm、0.25 mm 的一套筛组的最上一层筛子中，每筛一次的土样为 100 ~ 200 g，不宜过多。最上一层筛子上盖上筛盖，最下一层筛子套上筛底。

（2）土壤样品装好后，手动往返匀速摇动筛组（也可用土壤振动筛分仪），使土壤团聚体按其大小筛到下一层的筛子内。套筛摇动或振荡 10 min，当小于 5 mm 的团聚体全部被筛到下一层的筛子内后，移走 5 mm 筛，用手摇动其余 4 个筛子。当小于 2 mm

的团聚体全部被筛下去后，移走 2 mm 筛子，按以上方法继续筛出其他粒级部分。将每次筛出来的相同粒级的团聚体放在一起，分别称量 >5 mm、5~2 mm、2~1 mm、1~0.5 mm、0.5~0.25 mm 和底盒中 <0.25 mm 的各级土壤团聚体质量（精确至 0.01 g），再分别求出它们的百分含量。在移走每个筛子时需要用手掌在筛壁上敲打几下，振落其中堵塞筛孔的团聚体。

3. 湿筛分析

（1）根据干筛法求得的各级团聚体的百分比，把干筛分级的风干土壤样品按比例配成 50.0 g。如干筛法下，若样品 5~2 mm 粒级占 30%，则分配该级称样量为 50 g × 30% = 15 g；若 2~1 mm 的粒级占 20%，则分配该级称样量为 50 g × 20% = 10 g，其余依此类推。为了防止湿筛时堵塞筛孔，不能将 <0.25 mm 的团聚体洗入准备湿筛的样品内，但在计算取样数量和其他计算中都需要计算这一数值。

（2）将按干筛百分数比例配好的 50.0 g 样品（或直接称取过 10 mm 孔径的风干土 50.0 g）倒入 1 L 沉降筒，沿筒壁缓慢灌水，使水由下部逐渐湿润至表层（避免封闭空气），并达到饱和状态为止。将样品在饱和状态下放置 10 min 后，沿沉降筒壁灌水至 1 L 的刻度线，用橡胶塞塞住筒口，立即把沉降筒颠倒过来，直至筒中样品完全沉到筒口处，然后再把沉降筒倒转过来，至样品全部沉到底部，重复倒转 10 次。

（3）将一套孔径为 5 mm、2 mm、1 mm、0.5 mm、0.25 mm 的团聚体分析筛安装在筛架上，放入盛有水的水桶中，水面应高出筛组最上面一个筛子的上缘 10 cm。

（4）用手掌或橡皮塞堵住沉降筒筒口，将沉降筒倒转过来，筒口置于最上层筛上面，但不能接触筛底（手背距离筛底大约 1 cm），也不能使其离开水面（图 2-3）。待样品全部沉到筒口处，在水中移开手掌或慢慢拔去塞子，使土样均匀地分布在整个筛面上。

（5）当大于 0.25 mm 的团聚体全部沉到筛子上以后，将沉降筒在水里盖住并取出。

（6）将筛组缓慢提起、迅速沉下，静候 2~3 s，一直到上升的团聚体在落下时间内按惯性沉到筛底为止。注意提起时勿使最上层筛子中的样品露出水面，沉下时勿使水面没过筛组顶部，重复 10 次后，取出上部 2 个筛子（5 mm、2 mm），再将下部 3 个筛子（1 mm、0.5 mm、0.25 mm）重复上述操作 5 次，以洗净下面 3 个筛子中的团聚体，然后再从水中取出筛子。

（7）将已湿筛好的筛组分开，将各级筛子上的团聚体样品分别洗入已烘干的铝盒中。

（8）将铝盒放入电热恒温干燥箱中，先在 60~70℃烘至近干，然后在 105~110℃下烘干约 6 h，取出铝盒，在干燥器中冷却至室温并称量，重复操作，直至达到恒重。计算各级水稳性团聚体的百分含量。

【结果计算】

土壤中各级大团聚体组成的计算如下：

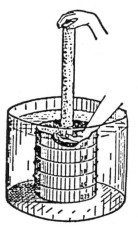

图 2-3　湿筛筛分装置

1. 各级水稳性大团聚体含量（x_i）的计算

$$x_i(\%) = \frac{m_i}{m_0} \times 100 = \frac{(\omega + 100) \times m_i}{100 \times m} \times 100$$

式中：m_i 为各级水稳定性大团聚体烘干后的质量（g）；m_0 为烘干样品质量（g）；m 为风干样品质量（g）；ω 为吸湿水含量（%）。

当大于 0.25 mm 水稳性团聚体数量大于 70% 时，认为土壤结构性较好。

2. 水稳性大团聚体总和（X）的计算

$$X(\%) = \sum_1^n x_i$$

3. 各级水稳性大团聚体占水稳性大团聚体总和的百分含量（p_i）的计算

$$p_i(\%) = \frac{x_i}{X} \times 100$$

【注意事项】

如果土壤质地较轻，经干筛和湿筛后，各粒级中有石砾、动植物残体，应将石砾和动植物残体挑出。若这一层筛中全部为单个砂粒，这些砂粒也应弃去，但结合在大团聚体中的砂粒与细砾不应挑出，应包括在大团聚体中。计算时，土样的质量应扣除全部被挑出的石砾、动植物残体的质量，再换算出各粒级团聚体的质量分数。

【思考题】

干筛分析和湿筛分析测定有何不同？意义何在？

4-2　机械筛分法（约得尔法）

【实验目的】

学习机械筛分法测土壤水稳性大团聚体的原理和方法，比较其与人工筛分法的区别。

【实验原理】

实验原理同人工筛分法。将干筛分析得到的团粒分布按相应比例混合后，通过机械动力在水中进行湿筛，以确定水稳性大团聚体的数量及分布。

【实验器材】

团粒分析仪的主要部件包括马达、振荡架、铜筛、白铁水桶等。

1. 马达和振荡架：要求振荡架能放四套铜筛，由马达带动，振荡速度为上下运动 30 次·min^{-1}，振幅约 4 cm。

2. 铜筛 4 套：在大量分析时，可备 8 套铜筛，轮流交换使用，每套铜筛的孔径为 5 mm、2 mm、0.5 mm、0.25 mm，铜筛高 4 cm，直径 13 cm。

3. 白铁水桶：水桶高 31.5 cm、直径 19.5 cm，共 4 个。

4. 其他：漏斗及漏斗架各一个，漏斗直径要大于铜筛直径，铝盒或称量皿，天平（感量 0.01 g），电热恒温干燥箱，干燥器等。

【实验操作与步骤】

1. 土壤样品采集与制备：同人工筛分法（实验 4-1）。

2. 干筛分析：同人工筛分法（实验 4-1）。

3. 湿筛分析：将孔径为 5 mm、2 mm、1 mm、0.5 mm、0.25 mm 的筛组从小到大向上依次叠好。然后，将干筛后各级团聚体按比例配成的 50.0 g 样品置于筛组最上层套筛（均匀铺开）。将一套筛组放入水桶，然后固定在团粒分析仪的振荡架上，往水桶内加水，高度至筛组最上层一个筛子的上缘部分，先浸泡 5~10 min。开动马达，筛组以振幅 3~4 cm、30 次·min⁻¹ 的速度上下振荡 15 min。整个过程中，最顶层的筛网不要露出水面，且水面不没过顶筛上缘。然后将振荡架慢慢升起，使筛组离开水面，等水淋干后，用水轻轻冲洗最上面孔径为 5 mm 的筛子（从筛网的背面用细水流冲洗到铝盒中），冲洗时应注意不要破坏团聚体，然后将留在各级筛上的团聚体洗入铝盒或称量皿中，静置片刻，倒去上清液。将装有各级水稳性团聚体的铝盒放入电热恒温干燥箱中，先在 60~70℃烘至近干，然后在 105~110℃下干燥约 6 h，取出铝盒，在干燥器中冷却至室温并称量，重复操作，直至恒重。计算各级水稳性团聚体的百分含量。

【实验结果】

计算公式同人工筛分法（实验 4-1）。

【注意事项】

1. 田间采样时要注意土壤不宜过干或过湿，最好在不黏锹、经接触而不易变形时取土。

2. 机械筛分法取样时，注意风干土样不宜太干，以免影响分析结果。

【思考题】

比较机械筛分法测定土壤水稳性大团聚体的原理和方法与人工筛分法的区别。

实验 5　土壤微团聚体分析

土壤中粒径小于 0.25 mm 的团聚体称为土壤微团聚体，亦称微结构。微团聚体是构成大团聚体的基础，并在很大程度上决定了土壤团聚体的质量。土壤微团聚体的测定，有助于了解土壤中由原生颗粒所形成的微团聚体在浸水状况下的结构性能和分散强度，这对于评价土壤的农业利用具有指导意义。把土壤微团聚体含量测定结果与土壤黏粒的含量进行比较，可以计算出土壤的分散系数和结构系数，以反映土壤微结构的水稳性。

【实验目的】

掌握土壤微团聚体含量的测定原理和方法，比较土壤大团聚体与土壤微团聚体的区别，学会分散系数、结构系数的计算方法。

【实验原理】

土壤微团聚体的测定与吸管法测定土壤颗粒组成相似，都是根据斯托克斯定律，按照不同直径微团聚体的沉降时间，将悬液分级，用吸管法进行分析。分析过程大致可分为颗粒分散和各粒级含量测定两步。两者不同的是,为了保持土壤的微团聚体免遭破坏,在颗粒分散过程中只用物理处理(振荡)分散样品,而不加入化学分散剂。因为分散剂中的钠离子(Na^+)与铵根离子(NH_4^+)均能使微团聚体全部或大部分分散成单粒。

【实验器材】

电热板,电热恒温干燥箱,干燥器,振荡机,电子天平(感量 0.000 1 g 和 0.01 g 两种),1 L 沉降筒(直径约 6 cm,高约 45 cm),大漏斗(直径 12 cm),铝盒或小烧杯,0.25 mm 孔径洗筛,250 mL 振荡瓶或三角瓶,改良的大肚吸管(见图 2-2)。

【实验操作与步骤】

1. 称样

称取通过 2 mm 孔径筛的风干土壤样品 10 g(精确到 0.000 1 g),倒入 250 mL 振荡瓶中,加蒸馏水 150 mL,静置浸泡 24 h。另称 10 g(精确到 0.01 g)样品,测定土壤吸湿水含量。

在测定盐渍化土壤的微团聚体时,用分析样品的水浸提液代替蒸馏水作为沉淀颗粒的介质。其制备方法是:称取过 2 mm 筛的风干土样 40 g,加蒸馏水 1 L,摇动 10 min,静置 24 h,上清液即为所需的水浸提液。

2. 振荡分散

将盛有样品的振荡瓶在振荡机上振荡 2 h(频率为 200 次 · min^{-1})。

3. 悬液制备

在 1 L 沉降筒上放一大漏斗,将 0.25 mm 孔径洗筛置于漏斗上,用蒸馏水将振荡后的悬液通过筛孔洗入沉降筒中(过筛时,不可用橡皮头玻璃棒搅拌或擦洗,以免破坏土壤微团聚体),定容至 1 L。将筛内的土粒(> 0.25 mm)全部转移至已恒重的铝盒或小烧杯中,将铝盒放入电热恒温干燥箱中,在 60 ~ 70 ℃ 烘至近干,然后在 105 ~ 110 ℃ 下烘至恒重,取出后放入干燥器中冷却至室温,称量(精确至 0.000 1 g)并计算百分数。

4. 悬液的吸取与处理

测定上述悬液温度,查土壤粒径分析的各级土粒吸取时间(见表 2-3),查出各级团聚体的吸液时间。与土壤粒径分析的吸管法不同,此沉降筒内使悬液分布均一的方法不用搅拌器,而是用塞子塞紧沉降筒口,将沉降筒上下颠倒 1 min(上下各约 30 次),使悬液均匀分散。再按不同粒级相应的沉降时间,用改良的 25 mL 大肚吸管分别吸 < 0.02 mm、< 0.002 mm 粒级悬液(也可根据研究目的设置粒级),吸取方法同实验 3-1。将吸出的各悬液移入已烘干恒重的 50 mL 烧杯中,用蒸馏水冲洗吸管,使附着于管壁的悬液也全部移入烧杯中。将装有悬液的烧杯置于电热板上蒸干后,放入 105 ~ 110 ℃ 烘箱中烘干至恒重,取出后放入干燥器内冷却至室温,称量(精确到 0.000 1 g)。

【结果计算】

1. 小于某粒径微团聚体含量的计算

$$X = \frac{g_v}{g} \times \frac{1\,000}{V} \times 100$$

式中：X 为小于某粒径微团聚体含量（%）；g_v 为 25 mL 悬液中小于某粒径的微团聚体重量（g）；g 为烘干土壤样品质量（g）；V 为吸管容积（mL），本实验为 25 mL。两次平行测定结果的算术平均值作为测定结果，保留两位小数。

2. > 0.25 mm 粒径团聚体含量的计算

$$A = \frac{g_m}{g} \times 100$$

式中：A 为大于 0.25 mm 粒径团聚体含量（%）；g_m 为洗筛中团聚体质量（g）；g 为烘干土壤样品质量（g）。两次平行测定结果的算术平均值作为测定结果，保留两位小数。

3. < 2 mm 粒径的各级团聚体百分数的计算

2 ~ 0.25 mm	A
0.25 ~ 0.02 mm	$100 - (A + X_{0.02})$
0.02 ~ 0.002 mm	$X_{0.02} - X_{0.002}$
< 0.002 mm	$X_{0.002}$

两次平行测定结果的算术平均值作为测定结果，保留两位小数。

4. 分散系数

分散系数用来表示土壤团聚体在水中被破坏的程度，并以微团聚体分析中的黏粒含量与颗粒分析中的黏粒含量的百分比表示。

$$K = \frac{a}{b} \times 100\%$$

式中：K 为分散系数，a 为微团聚体分析所得黏粒含量；b 为颗粒分析所得黏粒含量。分散系数越高，反映土壤结构水稳性越差。

5. 结构系数

结构系数用来鉴定团聚体的水稳性，以颗粒分析中的黏粒含量减去微团聚体分析中黏粒含量的差值与颗粒分析中黏粒含量的百分比表示。

$$K_0 = \frac{b - a}{b} \times 100\%$$

式中：K_0 为结构系数，a、b 的含义同分散系数。两次平行测定结果的绝对差值：黏粒级（< 0.002 mm）≤1%；粉砂粒级（≥0.002 mm）≤2%。

【注意事项】

1. 土壤微团聚体分析过程中的称样量因质地而异，但在进行一般常规分析或大批样本分析时，统一称样为 10 g，以减少分析结果的误差。

2. 在进行盐碱土类型样品的微团聚体分析时，如果直接用蒸馏水提取，会引起土壤的分散，致使测定结果中粉粒和黏粒含量显著偏高。所以，必须用分析样品的水浸提液代替蒸馏水提取而作为沉降颗粒的介质。制备分析样品的水提取液时，一般液土比以25∶1为宜。

【思考题】

土壤微团聚体的分析过程中应注意哪些事项？

实验 6   土壤容重的测定

土壤容重（soil bulk density）又称土壤假比重，是指在未破坏自然结构的状态下单位体积（包括矿物质、有机质的体积和孔隙的体积）土壤（不包括水分）的质量（g·cm^{-3}）。土壤容重大小是土壤质地、结构、孔隙等物理性状的综合反映。除用来计算土壤总孔隙度外，土壤容重是计算一定深度、单位面积的土壤质量、水分和养分储量等必不可少的参数。测定土壤容重常用的是环刀法，此法操作简便，结果比较准确。土壤容重一般为1.0~1.5 g·cm^{-3}，坚实土壤的容重可达 1.8 g·cm^{-3}。

【实验目的】

掌握用环刀法测定土壤容重的原理和方法。

【实验原理】

环刀是一个由金属（钢）材料制成的筒状容器，刃口锋利的一端用于插入土壤，另一端匹配环刀托，用来推压环刀入土。用一定容积的环刀（一般为 100 cm³）采集未扰动的自然状态的土壤，使土样充满其中，环刀内湿土烘干后称量，计算单位体积的烘干土质量。本法不适用于坚硬和易碎的土壤。

【实验器材】

钢制环刀（图 2-4，容积为 100 cm³），环刀托，削土刀，小铁铲，小锤，铝盒，天平（感量为 0.1 g 和 0.01 g），烘箱，干燥器，滤纸或塑料薄膜。

【实验操作与步骤】

1. 在室内先将环刀编号并称重（连同底盖、顶盖和垫底滤纸，精确至 0.1 g）。

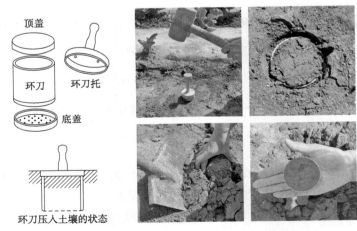

图 2-4   环刀示意图与采样图

2. 将已称重的环刀带至田间。取样前将采样点的土面铲平，去除环刀两端的盖子，将环刀托套在无刃口一端，环刀刃口向下垂直压入土中，借助小锤轻轻敲打环刀柄（切忌左右摆动），直至整个环刀内充满土样（土柱冒出环刀托上端小孔），然后用铁铲挖去周围土壤，取出充满土样的环刀。用削土刀削去环刀两端多余的土壤，使环刀内的土壤体积恰为环刀的容积。在环刀刃口一端盖上底盖（如底盖有孔，需垫上直径相同的滤纸，后续可直接测定土壤田间持水量），环刀上端盖上顶盖。擦净环刀外的泥土，立即带回室内称量（精确至 0.01 g）。在取样过程中，如果发现环刀内土壤亏缺、松动，或有小石块和粗根等杂物，应弃掉重取。

3. 在紧靠环刀采样处再取 10 ~ 15 g 土壤，装入已知质量的铝盒中，带回室内测定其自然含水量。

【结果计算】

土壤容重（BD）的计算公式如下：

$$BD\,(\,g\cdot cm^{-3}\,) = \frac{m}{V\times(1+\omega)}$$

式中：m 为环刀内湿土质量（g）；V 为环刀容积（cm^3）；ω 为土壤含水量（%）。

【注意事项】

1. 为了防止水分蒸发和土粒损失，必须在有孔底盖里面铺一张滤纸，方便土壤田间持水量的测定。

2. 如果环刀中所取原状土样中石砾（粒径 > 2 mm）较多，需要测定石砾的质量与体积。计算容重时，应减去石砾的质量与体积。

【思考题】

环刀法不适用于哪种状态的土壤？

实验 7　土粒密度的测定和土壤孔隙度的计算

土粒密度（soil particle density）是指单位体积固体土粒（不包括粒间空隙的体积）的质量（$g\cdot cm^{-3}$）。土粒密度是土壤中各种成分的含量和密度的综合反应，主要取决于土壤矿物质颗粒组成和土壤有机质含量。土粒密度的大小受土壤质地、结构性、松紧程度、有机质含量及土壤管理等因素的影响。多数土壤的密度为 2.6 ~ 2.7 $g\cdot cm^{-3}$，土壤颗粒密度以多数土壤的平均值 2.65 $g\cdot cm^{-3}$ 作为常用密度值。土粒密度通常采用比重瓶法进行测定。

土壤孔隙度是指自然状况下，一定体积的土壤中空隙体积所占的百分比。土壤空隙状况受质地、结构和有机质含量等的影响。土壤孔隙度一般不直接测定，而是由土粒密度和容重计算求得。

【实验目的】

掌握用比重瓶法测定土粒密度的原理和方法，比较其与土壤容重的区别。掌握土壤孔隙度的计算方法。

【实验原理】

采用排水称重法原理，将已知质量的土样放入盛水的比重瓶中，加热排尽空气后，固体土粒所排除的水的体积即为土粒的体积，以烘干土样的质量除以土粒体积即得土粒密度。

图 2-5　比重瓶（磨口）

【实验器材与试剂】

1. 实验器材

比重瓶（图 2-5，50 mL），电子天平（感量 0.01 g 和 0.001 g），电砂浴或电热板，小漏斗，温度计，滴管，滤纸。

2. 实验试剂

无空气的蒸馏水。

【实验操作与步骤】

1. 称取过 2 mm 筛孔的风干土样 10 g（精确到 0.001 g），根据吸湿水含量将此风干土质量换算成烘干土质量（m_1）。通过小漏斗将土样倒入比重瓶中，再注入少量煮沸过的冷却蒸馏水（占比重瓶的 1/3 ~ 1/2），轻轻摇动使水土混匀。

2. 将比重瓶放在电砂浴（调至约 190℃）或电热板上煮沸，不时摇动比重瓶，以排出土样和蒸馏水中的空气，煮沸 1 h 后冷却至室温，加入煮沸后的冷却蒸馏水至满，轻轻盖上瓶塞，瓶中多余的水从上端的毛细管中溢出，用滤纸擦干瓶塞和瓶外壁水分，称量值记为 m_3（精确到 0.001 g）。

3. 将比重瓶内的土倒出、洗净，然后将煮沸过的冷却蒸馏水注满比重瓶，盖上瓶塞，擦干瓶外水分，称量值记为 m_2。

【结果计算】

土粒密度（SD）的计算公式如下：

$$\text{SD}(\text{g} \cdot \text{cm}^{-3}) = \frac{m_1}{V_s} = \frac{m_1}{V_w} = \frac{m_1}{(m_w/d)} = \frac{m_1 \times d}{m_1 + m_2 - m_3}$$

式中：V_s 为土壤颗粒体积（cm³）；m_1 为装入比重瓶的烘干土质量（g）；V_w 为土粒排水体积（cm³）；m_2 为比重瓶、水的质量之和（g）；m_3 为比重瓶、水、样品的质量之和（g）；m_w 与加入比重瓶中土壤的土粒同体积水的质量（g）；d 为该温度下水的密度（1 g · cm⁻³）。

孔隙度（P）的计算公式如下：

$$P(\%) = \left(1 - \frac{\text{容重}}{\text{密度}}\right) \times 100\%$$

【注意事项】

1. 对于可溶性盐含量（＞0.5%）或胶体含量较高的土壤样品，受胶体周围黏滞水和盐分的影响，不宜加蒸馏水煮沸，否则会使测定结果偏高。应改用非极性液体（如苯、甲苯、二甲苯、汽油、煤油等）代替蒸馏水，此时要排除土样中的空气，需用真空抽气法代替煮沸法。

2. 比重瓶中土液煮沸时的温度不可过高，为防止瓶内的物质溢出、溅出，温度应控制在液面保持微微沸腾为宜。

【思考题】

1. 土壤密度和土壤容重有何不同？

2. 含可溶性盐及胶体含量较多的土壤为什么不宜用加水煮沸的方法进行测定？

第3章
土壤有机碳含量分析

　　土壤有机碳是指存在于土壤中的各种动植物残体、微生物及其分解和合成的各种有机物质中的碳。土壤有机碳主要以土壤有机质的形式储存在土壤中。

　　有机质是土壤的重要组成部分，对土壤中水、肥、气、热等起着重要的调节作用。土壤有机质既是土壤中各种营养元素特别是碳、氮、磷的重要来源，又是土壤异养型微生物的能源物质，也是形成土壤结构的重要因素，其含量多少是衡量土壤肥力高低的一个重要指标。同时，土壤有机质也是全球主要碳库之一，它与大气、陆地植物之间连续的生物交换构成了全球碳素循环中极其活跃的部分，研究土壤有机碳对于气候变暖、全球碳平衡等具有重要意义。

　　不同土壤中有机质的含量差异很大，其实际含量与气候、植被、地形、土壤类型、耕作措施等因素密切相关。土壤有机质的测定方法可以分为两大类：湿烧法和干烧法。湿烧法是在强酸条件下用强氧化剂（如重铬酸钾、高锰酸钾等）氧化土壤有机碳为二氧化碳，用消耗氧化剂的量来计算有机碳含量。干烧法是在一定设备如元素分析仪、碳氮分析仪上，通过高温灼烧土壤有机碳，用产生的二氧化碳的量来确定土壤有机碳含量。本实验主要介绍重铬酸钾容量 – 外加热法来测定土壤有机碳含量。

实验 8　土壤有机碳含量的测定

【实验目的】

　　掌握用重铬酸钾容量 – 外加热法测定土壤有机碳的方法和原理。

【实验原理】

　　在外加热条件下，用已知浓度的过量重铬酸钾 – 硫酸溶液氧化土壤有机碳，多余的重铬酸钾用硫酸亚铁标准溶液滴定，从所消耗的重铬酸钾量计算出有机碳的含量。本法测得的结果与干烧法对比，只有 90% 的有机碳被氧化，因此，将测得的有机碳含量乘以校正系数 1.1，便可计算得土壤有机碳含量。土壤有机碳在一定温度下被氧化产生 CO_2，如下式：

$$2K_2Cr_2O_7 + 3C + 8H_2SO_4 \longrightarrow 2K_2SO_4 + 2Cr_2(SO_4)_3 + 3CO_2\uparrow + 8H_2O$$

　　用硫酸亚铁标准溶液滴定剩余 C_r^{6+} 时的化学反应如下：

$$K_2Cr_2O_7 + 6FeSO_4 + 7H_2SO_4 \longrightarrow K_2SO_4 + Cr_2(SO_4)_3 + 3Fe_2(SO_4)_3 + 7H_2O$$

【实验器材与试剂】

1. 实验器材

分析天平（感量 0.000 1 g），自动控温消煮炉或石蜡油浴锅，消煮管或硬质试管，酸式滴定管（25 mL），烧杯，三角瓶，容量瓶，移液管，小漏斗，滴管，铁丝笼。

2. 实验试剂

（1）重铬酸钾–硫酸溶液 $[c(\frac{1}{6}K_2Cr_2O_7)=0.4\ mol\cdot L^{-1}]$：称取经 130 ℃烘干 3～4 h 的重铬酸钾（$K_2Cr_2O_7$，分析纯）19.7 g 放入烧杯中，加 400 mL 蒸馏水溶解（必要时加热促进溶解），缓慢加浓硫酸 500 mL 于 $K_2Cr_2O_7$ 溶液中，并不断搅动，冷却后稀释定容至 1 L，摇匀备用。

（2）95% 浓硫酸（分析纯）。

（3）重铬酸钾基准溶液 $[c(\frac{1}{6}K_2Cr_2O_7)=0.1\ mol\cdot L^{-1}]$：准确称取经 130 ℃烘干 3～4 h 的 $K_2Cr_2O_7$（分析纯）0.490 4 g 于 250 mL 烧杯中，用少量蒸馏水溶解，然后缓慢加入 7 mL 浓硫酸，冷却后定容至 100 mL，摇匀备用。

（4）0.2 mol·L^{-1} $FeSO_4$ 标准溶液：称取硫酸亚铁（$FeSO_4\cdot7H_2O$，分析纯）56.0 g，溶于蒸馏水中，缓慢加浓硫酸 20 mL 溶解，冷却后加蒸馏水稀释定容到 1 L，摇匀备用。此溶液的准确浓度需要用重铬酸钾基准溶液来标定。标定方法：吸取重铬酸钾基准溶液 20 mL 于 150 mL 三角瓶中，加邻啡罗啉指示剂 2～3 滴，用 0.2 mol·L^{-1} $FeSO_4$ 溶液滴定至砖红色终点，根据消耗 $FeSO_4$ 的体积可计算出 $FeSO_4$ 溶液的准确浓度。

（5）邻啡罗啉指示剂：称取邻啡罗啉（$C_{12}H_8N_3$，分析纯）1.485 g 和硫酸亚铁 0.695 g，溶于 100 mL 蒸馏水中，此时试剂与 $FeSO_4$ 形成棕红色络合物 $[Fe(C_{12}H_8N_3)_3]^{2+}$，贮存于棕色瓶内。

（6）细石英砂。

【实验操作与步骤】

1. 准确称取通过 0.149 mm 孔径的风干土样 0.100 0～0.500 0 g（称样量根据有机碳含量来确定，精确到 0.000 1 g），把称取的样品用长条蜡光纸全部送入干燥的硬质试管中，用移液管准确量取并加入重铬酸钾–硫酸溶液 10 mL，轻轻摇动试管使土液充分混匀。

2. 在试管口加盖一小漏斗后，将试管放入自动控温消煮炉中（170℃）或放入预先加热的石蜡油浴锅（185～190℃）中。如果选用石蜡油浴锅加热，则将试管放入铁丝笼中，然后将铁丝笼放入油浴锅中加热，放入后温度应控制在 170～180℃。待试管中液体沸腾发生气泡时开始计时，煮沸 5 min，取出试管，稍冷却（油浴加热需擦净试管外部油液）。在试管口放置小漏斗的目的是冷凝蒸出的水汽。

3. 消煮样品冷却后，用蒸馏水将试管内容物少量多次地全部洗入 250 mL 的三角瓶中，使瓶内总体积控制在 60～70 mL，保持混合液中硫酸浓度为 1～1.5 mol·L^{-1}，此时溶液的颜色为橙黄色或淡黄色，然后加邻啡罗啉指示剂 2～3 滴，用 $FeSO_4$ 标准溶液滴定，溶液颜色由橙黄→蓝绿→棕红色即为反应终点。

4. 在一批样品的测定中，同时包括 3 个空白试验。空白试验可用石英砂代替土样，其他步骤同上。

【结果计算】

1. 土壤有机碳含量（SOC）计算公式如下：

$$SOC（g \cdot kg^{-1}）= \frac{c \times (V_0 - V) \times 0.003 \times 1.1 \times 1\,000}{m}$$

式中：c 为 $FeSO_4$ 标准溶液的浓度（$mol \cdot L^{-1}$）；V_0 为滴定空白样品时所消耗 $FeSO_4$ 标准溶液的体积（mL）；V 为滴定土样时所消耗 $FeSO_4$ 标准溶液的体积（mL）；0.003 为 1/4 碳原子的毫摩尔质量（$g \cdot mol^{-1}$）；1.1 为氧化校正系数；m 为样品的烘干土质量（g）；1 000 换算成每千克土壤的有机碳含量的系数。

2. 土壤有机质含量（SOM）计算公式如下：

$$SOM（g \cdot kg^{-1}）= SOC \times 1.724$$

式中：1.724 为土壤有机碳换算成有机质的系数，因土壤有机质平均含碳量为 58%，$100/58 \approx 1.724$。

全国第二次土壤普查时提出的土壤有机质含量的分级标准见表 3-1。

表 3-1　土壤有机质含量分级指标

土壤养分级别	很高 （一级）	高 （二级）	中上 （三级）	中下 （四级）	低 （五级）	很低 （六级）
土壤有机质含量 /（$g \cdot kg^{-1}$）	> 40	30~40	20~30	10~20	6~10	< 6

【注意事项】

1. 有机质含量 ≥5% 者，称土样 0.1 g；在 2%~3% 者，称土样 0.2~0.3 g；<2% 者，称土样 0.5 g 以上。若待测土壤有机质含量大于 15%，则氧化不完全，不能得到准确结果，应用固体稀释法进行弥补。具体方法为：将 0.1 g 土样与 0.9 g 高温灼烧已除去有机质的土壤混合均匀，再进行有机质测定，按取样 1/10 计算结果。

2. 测定石灰性土壤样品时，必须缓慢加入重铬酸钾–硫酸溶液，以防止由于 $CaCO_3$ 分解而引起的激烈发泡。

3. 消煮时间对测定结果影响较大，应严格控制试管内溶液沸腾时间为 5 min。

4. 消煮好的溶液一般是黄色或黄中稍带绿色，如果以绿色为主，表明重铬酸钾用量不足。若滴定时消耗的硫酸亚铁量小于空白用量的 1/3，说明土壤有机碳氧化不完全，应弃去重做。

5. 油浴加热时最好在通风橱中进行。预热油浴时，实验人员不能离开，否则可能发生严重事故。

6. 土壤中氯化物的存在可使测得结果偏高，因此盐土中有机质的测定必须防止氯化物的干扰。可加少量硫酸银（约 0.1 g）使 Cl^- 沉淀下来。当使用硫酸银时校正系数为 1.04，不使用时校正系数为 1.1。

【思考题】

1. 测定土壤有机碳的影响因素有哪些？
2. 若消煮液颜色以绿色为主，应如何处理？
3. 土壤有机碳与有机质的换算系数为何为 1.724？

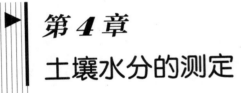

第4章
土壤水分的测定

土壤水是陆地植物赖以生存的基础，同时又是土壤中包括营养元素在内的所有物质和能量转运的主要介质。土壤水分的状况与变化也决定了植物对其吸收利用的强度和难易程度，从而影响植物的生长发育乃至生产力。

土壤含水量是表征土壤水分状况的指标，又称为土壤水分含量、土壤含水率、土壤湿度等。土壤含水量有多种表示方法，主要有质量含水量、体积含水量以及土壤储水量。质量含水量是指土壤水的质量占所测土壤质量的百分数。体积含水量则指土壤水的容积占所测土壤体积的百分数。土壤储水量指一定面积和厚度土壤中含水的绝对数量，多采用 mm 为单位，在研究土壤水分平衡和排水、灌溉时经常用这个指标。这几种方法因目的不同而用于不同场合。土壤质量含水量是最简单、常用的水分表示方法，结合容重可以计算体积含水量和水层厚度。进行土壤水分含量的测定有两个目的，一是了解田间土壤水分状况；二是作为其他分析结果的计算基准。

土壤含水量是各项分析结果计算的基础，在进行土壤物理化学性质分析时，首先要测定新鲜土样的含水量与风干土样的含水量（吸湿水含量）。由于不同土壤的水分含量不同，且风干土中水分含量易受大气中相对湿度的影响发生变化，因此必须测定风干土吸湿水的含量，并以烘干土质量作为统一的计算基准，从而使分析结果具有可比性。

实验 9　土壤自然含水量的测定

土壤自然含水量是指从野外或田间采集的新鲜土壤样品的实际含水量，它包括土壤孔隙中的水分和吸湿水。自然含水量的测定方法有烘干法、中子仪法、时域反射仪法（TDR 法）和电阻块法等。恒温箱烘干法是最常用的土壤含水量测定方法，为了缩短烘干和测定的时间，发展了某些快速烘干法，如红外线烘干法、微波炉烘干法、酒精燃烧法等。恒温箱烘干法具有操作简便、可靠、数据重复性好的优点，一直被认为是测定土壤含水量最经典和准确的标准方法。酒精烧失法可以在野外快速地测定土壤含水量。本实验主要介绍恒温箱烘干法和酒精烧失法。

9-1　烘　干　法

【实验目的】

掌握用烘干法测定土壤自然含水量的原理和方法。

【实验原理】

土壤样品在 105℃ 条件下烘至恒重（12 h 以上），土壤失去的质量即为水分的质量。在此温度下土壤吸持的水被蒸发，而化学结合水不被破坏，土壤有机质也不被分解。

【实验器材】

铝盒，烘箱，干燥器，分析天平（感量 0.01 g）。

【实验操作与步骤】

1. 取干净且烘干的铝盒（或称量瓶）在分析天平上称重（m_0）。

2. 称取 20～25 g 的新鲜土样，剔除肉眼可见的根系和石砾等杂物，放入已知质量的铝盒中（m_0），称得铝盒与土样的总质量（m_1）。将铝盒盖放在相应的铝盒底下，然后置于 105±2℃ 烘箱内烘干 8～12 h。

3. 待烘箱内温度冷却到 60℃ 时，取出铝盒后加盖，放入干燥器内冷却至室温（约需 30 min），立即称重（m_2）。必要时揭开铝盒盖再烘干 2～3 h，烘至恒重（前后两次称重之差 ≤30 mg）。

【结果计算】

1. 质量含水量的计算

$$\omega_g = \frac{m_1 - m_2}{m_2 - m_0} \times 100\%$$

式中：ω_g 为新鲜土壤的质量含水量（%）；m_0 为铝盒质量（g）；m_1 为铝盒与自然湿土（或风干土）质量（g）；m_2 为铝盒与烘干土质量（g）。

2. 体积含水量的计算

$$\omega_v = \omega_g \times BD$$

式中：ω_v 为新鲜土壤的体积含水量（%）；ω_g 为新鲜土壤的质量含水量（%）；BD 为土壤容重（g·cm^{-3}）。

3. 水层厚度的计算

$$T = \omega_g \times BD \times h \times 10 = \omega_v \times h \times 10$$

式中：T 为水层厚度（mm）；h 为所测土层深度（cm）；10 为土层深度 cm 换算为 mm 的系数；ω_g、ω_v、BD 的含义同上。

【注意事项】

1. 要控制好烘箱内的温度，使其保持在 105±2℃，过高或过低都影响测定结果的准确性。

2. 有机质含量（>5%）高的土壤不宜采用烘干法，因为在 105℃ 条件下烘干样品时，会造成某些有机质的损失。有机质含量在 5%～10% 时，也可以用烘干法，但需注明有机质含量。有机质含量很高的土壤样品，需要采用真空干燥法测定含水量。

3. 干燥器内的干燥剂（氯化钙或变色硅胶）要经常更换与处理。

【思考题】

1. 烘干土样时，为什么温度不能超过 110℃？

2. 对于有机质含量高（＞8%）的土壤、泥炭土以及盐土，为什么烘干温度不应超过 105℃？

3. 烘干法测定土壤水分含量有哪些优缺点？

9-2　酒精烧失法

【实验原理】

土壤水分的测定可根据乙醇与水分互溶的原理，在土壤中加入乙醇后燃烧使其水分蒸发，燃烧后损失的质量即为土壤自然含水率。这是一种土壤含水量的速测方法，用于野外或田间测定，科研中一般不推荐使用。

【实验器材与试剂】

烘箱，玻璃棒，铝盒，电子天平（感量 0.01 g），灯用酒精或 95% 乙醇等。

【实验操作与步骤】

1. 取铝盒，称重记为 m_0。

2. 新鲜土壤中剔除肉眼可见的根系和石砾等杂物，称取约 10 g 土样（精确至 0.01 g），放入铝盒一起称重记为 m_1。

3. 加乙醇于铝盒中，使土面全部浸没即可，稍加振摇，使土样与乙醇混合，点燃乙醇，待燃烧将尽，用小玻璃棒来回拨动土样，助其燃烧（但过早拨动土样会造成土样毛孔闭塞，降低水分蒸发速度），熄火后再加乙醇 3 mL 燃烧，反复进行 2～3 次，直至土样达到恒重为止，冷却后称重，记为 m_2。本法测定较为粗放，与烘干法相比，计算结果差值在 0.5%～0.8%。

【结果计算】

$$\omega = \frac{m_1 - m_2}{m_2 - m_0} \times 100\%$$

式中：ω 为土壤自然含水量（%）；m_0 为铝盒重（g）；m_1 为铝盒与湿土的质量之和（g）；m_2 为铝盒与燃失土的质量之和（g）。

【思考题】

有机质含量高的土样为什么不能采用酒精烧失法？

实验 10　土壤吸湿水含量的测定

将风干或烘干的土样置于室温开放环境中，吸附在土壤颗粒表面与大气中的气态水处于平衡状态的水称为吸湿水（hydroscopic water）。吸湿水是土粒表面分子所吸附的单分子水层，对植物而言是无效水。土壤吸湿水的含量除了受土壤本身的一些性质（与表面积有关的如质地、黏土矿物类型、有机质含量以及土壤含盐量和盐分离子组成）的影响之外，还与保存土壤的外部环境因素如空气湿度有关。所以，在计算土壤物质成分含量时都是以 105℃下的烘干土壤质量为基准，从而使分析结果能够在统一的基础上进行比较，这是土壤分析和科技成果发表的一个基本规范。土壤吸湿水含量通常采用烘干法测定。

【实验原理】

吸湿水是土粒表面分子力所吸附的单分子水层，在 105℃下可转变为气态，从而摆脱土粒表面分子上的吸附。风干土壤样品中的水分在 105℃条件下烘至恒重，土壤失去的质量即为吸湿水的质量。

【实验器材】

铝盒，烘箱，干燥器，分析天平（感量 0.001 g）。

【实验操作与步骤】

与土壤自然含水量的测定方法基本相同（见实验 9–1）。不同的是新鲜采集的土壤样品剔除肉眼可见的根系和石砾等杂物后，需要晾晒风干。随后称取过 2 mm 筛的风干土样 5~10 g（天平感量为 0.001 g），在烘箱 105±2℃条件下烘干 6~8 h，取出后放入干燥器内冷却至室温，称重，直至前后两次称重之差 ≤ 3 mg。

【结果计算】

同烘干法（实验 9–1）。

【注意事项】

土壤吸湿水很少，测量时易受影响产生误差，需反复烘干多次才能达到恒重，直至前后两次称重之差 ≤ 3 mg。

【思考题】

1. 土壤吸湿水含量与自然含水量有何区别与联系？
2. 土壤吸湿水的测定数据可应用于哪些方面？

实验 11　土壤田间持水量的测定

田间持水量（field capacity，field water holding capacity）是指降水或灌溉后，多余的重力水已经排除，水分再分布速率很低或基本停止时土壤所吸持的水量。田间持水量相当于吸湿水、膜状水和毛管悬着水的总和，是大多数植物可以利用的土壤水上限。在生产实践中，田间持水量是普遍应用的土壤水分常数之一，是土壤可以保持水分的最大量（最大能力）。当一个土壤的表层含水量达到田间持水量时，进入土壤的水分则通过大孔隙向下层土壤迁移。田间持水量大小与土壤质地、结构及有机质含量有关，其测定方法有室内和野外测定两种。室内测定一般用威尔科克斯法，较野外测定简便易行，故被广泛采用。

11-1　室内测定——威尔科克斯法

【实验目的】

掌握用环刀法（威尔科克斯法）测定土壤田间持水量的原理和方法。

【实验原理】

浸泡环刀内原状土使之饱和，然后放在采集于该原状土下层的风干土之上，环刀内土壤大孔隙中的重力水被下层的风干土吸收。经过一定时间后，环刀内土壤含水量基本达到稳定，此时环刀内土壤含水量就是田间持水量。

【实验器材】

铝盒，环刀（100 cm²），烘箱，电子天平（感量 0.01 g），干燥器，瓷盘，小铁铲，削土刀，滤纸。

【实验操作与步骤】

1. 按容重采土的方法，用环刀（图 2-4）在野外采取原状土样，带回室内，把有小孔的底盖一端朝下，放入盛水的搪瓷盘内浸泡，盘内水面较环刀上缘低 1 ~ 2 mm，让水分饱和土壤一昼夜。

2. 同时在相同土层的下一层采一些土样，风干后磨细过 2 mm 筛孔，装入环刀中，轻拍击实，并稍微装满一些。

3. 将水分饱和的原状土样的环刀取出，移去有孔底盖，将其连同滤纸一起放在装有风干土的环刀上。为使两者紧密接触，可用重物（如砖头）压实。

4. 经过 8 h 吸水过程后，将上面环刀内的原状土混匀，再取 20 ~ 25 g 放入已知质量（m_0）的铝盒中，立即称重（m_1），然后在 105 ± 2℃ 烘至恒重（m_2），计算其含水量，此值接近于该土壤的田间持水量。如果烘箱空间足够大，将环刀内全部土壤散开放在白瓷托盘内，然后放入烘箱烘干称重，计算其含水量。

【结果计算】

$$\omega = \frac{m_1 - m_2}{m_2 - m_0} \times 100\%$$

式中：ω 为田间持水量（%）；m_0 为铝盒质量（g）；m_1 为铝盒与湿土质量之和（g）；m_2 为铝盒与烘干土质量之和（g）。

【思考题】

室内测定土壤田间持水量时环刀为什么不能淹没在水面之下？

11-2　野外测定——围框淹灌法

【实验目的】

学习野外测定土壤田间持水量的原理和方法，比较其与室内测定结果的差异性。

【实验原理】

在田间，经过大量降水或灌溉，使土壤饱和，待排出重力水后，在没有蒸发和蒸腾的条件下，测定土壤水分达到平衡时的含水量即为土壤田间持水量。

【实验器材】

正方形木框（面积 1 m²，框高 20 ~ 25 cm），铁锹，铝盒，烘箱，分析天平（感量 0.01 g），塑料布或彩条布（面积约为 5 m²），土钻，米尺等。

【实验操作与步骤】

1. 选样点：在需要测定田间持水量的地块中选一具有代表性的区域，其面积为 4 m²（2 m × 2 m），仔细将地面平整，以免灌水时地面高低不平而影响水分均匀下渗。

2. 筑埂：在测试点四周外筑一坚实土埂，埂高 40 cm，顶宽 30 cm。然后在其中央放入 1 m² 正方形木框（测试区），入土深度 10 cm。若无木框，可用打土埂的方法代之，埂内面积同木框。木框与土埂间为保护区，以防止测试区内的水外流。

3. 计算最小灌水量：在测试点附近用土钻取土，测定 1 m 深的土层含水量，计算其蓄水量。按土壤的孔隙度计算使 1 m 土层内全部孔隙充水时的总灌水量，再减去土壤现有总贮水量，该差值的 1.5 倍即为需要补充的灌水量。

如果缺少土壤孔隙度的实测数据，可以根据表 4-1 计算。

表 4-1 不同土壤类型的孔隙度

土壤类型	黏土及重壤土	中壤土及轻壤土	砂壤土	砂土
孔隙度 /%	50 ~ 45	45 ~ 40	40 ~ 35	35 ~ 30

例如：设 1 m 土层的平均孔隙度为 45%，为使其全部孔隙充满水分，需要的水量是：$1\,000 \times 45\% = 450$（mm）

设土层现有蓄水量为 150 mm，则应增加的水量即灌水量为：

$(450 - 150) \times 1.5 \times 10^{-3} = 0.45$（m）

计算测试区 1 m² 的灌水量为：

$1 \times 0.45 \times 10^3 = 450$（L）

保护区面积需灌水量为：$450 \times (4 - 1) = 1\,350$（L）

由上可得，测试区和保护区共需灌水量：$450 + 1\,350 = 1\,800$（L）。

4. 灌水：根据计算得到的灌水量进行灌水，灌水前在测试区和保护区各插 1 把尺子，灌水时为防止土壤冲刷，应在灌水处放置一些草或纸板。先在保护区灌水，灌到一定量后立即向测试区灌水，使内外均保持 5 cm 厚的水层，直到用完计算的灌水量。

5. 覆盖：灌水渗入土壤后，为避免土表蒸发，在测试区和保护区上覆盖 50 cm 厚的草层，为防止雨水渗入，在草层上覆盖塑料布。

6. 测定时间：测定时间依土壤质地和测定深度而定。一般砂土及壤土在灌水后 24 h 便可采样测定，黏土则需要 48 h 或更长的时间才能采样测定。

采样时要按正方形对角线（木框）打钻，每次打 3 个钻孔，从上至下依次分层（例如每 10 cm 一层）采样，每孔每层分别采土 15 ~ 20 g 放入铝盒中，立即称重（保留至小数点后两位）。以后每隔一天测一次，直到前后两天的含水量无显著差异，且水分运动基本平衡为止。取回的土样用烘干法或酒精烧失法测定其水分含量。

【结果计算】

1. 某一土层的田间持水量计算同实验 11-1。

2. 整个土壤剖面的田间持水量计算如下：

$$田间持水量（\%）= \frac{\omega_1 d_1 h_1 + \omega_2 d_2 h_2 + \cdots + \omega_n d_n h_n}{d_1 h_1 + d_2 h_2 + \cdots + d_n h_n}$$

式中：ω_1，ω_2，$\cdots$，ω_n 为各土层含水量（%）；d_1，d_2，$\cdots$，d_n 为各土层容重（g·cm^3）；h_1，h_2，$\cdots$，h_n 为各土层厚度（cm）。

【注意事项】

野外围框淹灌法测定土壤田间持水量时须注明地下水的深度。

【思考题】

田间持水量的野外测量受哪些条件的限制和影响？

实验 12　土壤饱和含水量的测定

饱和含水量（saturated water content）是指全部土壤孔隙充满水时的含水量，又称为最大持水量，它包括土壤中所有类型的水分。如按体积比例计，饱和含水量则相当于土壤总孔隙度。饱和含水量是排水及降低地下水位时计算排水量的依据，一般用环刀法测定。

【实验目的】

掌握用环刀法测定土壤饱和含水量的原理和方法。

【实验原理】

环刀内原状土经过一定时间的浸泡后水分达到饱和，土壤全部孔隙都充满水，此时环刀内土壤含水量即为饱和含水量。

【实验器材】

同土壤容重的测定（见实验 6）。

【实验操作与步骤】

按测定土壤容重的方法，用环刀（见图 2-3）在野外采取原状土样，带回室内。首先揭去环刀顶盖，将垫有粗滤纸并有小孔的底盖一端朝下，放入平底盆或其他容器中，在容器中注入自来水，使水面低于环刀上口边缘 1~2 mm，以利于土壤中空气的排出。切勿使水淹没环刀的顶端，以免造成封闭孔隙。

水分通过底盖小孔和滤纸沿土壤孔隙上升。环刀浸泡 24 h 后，取出环刀，迅速擦干环刀外附着的水分。将环刀中土样倒出并混匀，取出一部分土样（约 20 g），放入已知质量（m_0）的铝盒内称重（记为 m_1）。然后放入 105 ℃烘箱中烘干至恒重（记为 m_2），计算其含水量，即为该土壤的饱和含水量。

【结果计算】

同烘干法（实验 9-1）。

【注意事项】

环刀浸入水中时，应使水面低于环刀口上沿 1～2 mm，以利于土壤中空气排出。低于 1～2 mm 的目的是避免水从土柱的顶部进入土壤，如果水面淹没环刀顶端，将形成封闭孔隙，不能使所有孔隙都充满水。

【思考题】

土壤饱和含水量与田间持水量有何不同？

第5章
土壤化学性质分析

本章介绍了土壤基本化学性质的分析方法，主要包括土壤 pH、可溶性盐总量、阳离子交换量和土壤碳酸钙含量的测定。尽量采用国内外广泛使用的测定方法，有的指标还列出了几种测定方法，可根据土壤性质及实验室仪器设备条件分别选用。

实验 13　土壤 pH 测定

土壤酸碱度是重要的土壤化学性质之一，而土壤 pH 是反映土壤酸碱度的强度指标。土壤 pH 是指土壤溶液中 H^+ 浓度的负对数，是土壤酸碱度分级、植物营养状况、土地利用管理和改良的重要参考，也是土壤环境质量的重要指标之一。土壤 pH 分为水浸提 pH 和盐浸提 pH，前者代表土壤的活性酸度或碱度，后者代表土壤的潜在酸度。水浸提 pH 高于盐浸提 pH，一般实验室多采用水浸提。

测定土壤 pH 常用的方法主要有电位法和比色法。电位法精确度较高，pH 误差约为 0.02，是室内测定的常规方法；比色法精确度较差，pH 误差约为 0.5，优点是简单、便捷，常用于野外速测。在测定 pH 时，液土比应加以固定。国际土壤学会建议液土比为 2.5∶1，在我国的例行分析中以 1∶1、2.5∶1、5∶1 较多。为使测定的 pH 更接近田间的实际情况，以液土比 1∶1 或 2.5∶1 甚至饱和泥浆较好，盐土常用 5∶1 的液土比。

【实验目的】

掌握用电位法测定土壤 pH 的原理与方法。比较不同浸提剂和液土比（2.5∶1 或 5∶1）浸提下测定 pH 的差异。

【实验原理】

用酸度计测定土壤悬浊液 pH 时，常用玻璃电极为指示电极，甘汞电极为参比电极。当 pH 玻璃电极和甘汞电极插入土壤悬浊液时，构成一电池反应，两者之间产生一个电位差。由于参比电极的电位是固定的，因而该电位差的大小决定于溶液中氢离子活度，氢离子活度的负对数即为 pH，可在酸度计上直接读出 pH。

【实验器材与试剂】

1. 实验器材

酸度计（雷磁 PHS-3C），复合玻璃电极，高脚烧杯（50 mL），天平（感量 0.01 g 和 0.001 g），洗瓶，玻璃棒，滤纸，容量瓶。

2. 实验试剂

（1）pH4.01 标准缓冲液：称取经 105℃烘干的苯二甲酸氢钾（KHC$_8$H$_4$O$_4$，分析纯）10.21 g，加蒸馏水溶解并定容至 1 L。

（2）pH6.87 标准缓冲液：称取在 105℃烘干的磷酸二氢钾（KH$_2$PO$_4$，分析纯）3.39 g 和无水磷酸氢二钠（Na$_2$HPO$_4$，分析纯）3.53 g，用蒸馏水溶解并定容至 1 L。

（3）pH9.18 标准缓冲液：称取 3.80 g 硼砂（Na$_2$B$_4$O$_7$·10H$_2$O，分析纯）溶于无 CO$_2$ 的冷却蒸馏水中，定容至 1 L。此溶液的 pH 容易变化，应注意保存。

（4）0.01 mol·L^{-1} CaCl$_2$ 溶液：称取 14.7 g 氯化钙（CaCl$_2$·2H$_2$O，化学纯）溶于 20 mL 蒸馏水中，定容至 100 mL。吸取溶液 10 mL 于 1 L 容量瓶中，加 400 mL 水，用少量 0.01 mol·L^{-1} Ca(OH)$_2$ 或 0.1 mol·L^{-1} HCl 调节 pH 约为 6，然后定容至 1 L。

（5）1 mol·L^{-1} KCl 溶液：称取 74.6 g KCl（分析纯）溶于 400 mL 蒸馏水中，用 1 mol·L^{-1} KOH 或 1 mol·L^{-1} HCl 溶液调节 pH 为 5.5~6.0，然后定容至 1 L。

【实验步骤】

1. 仪器校准

测定土壤 pH 之前，须先用已知 pH 的标准缓冲液对酸度计进行校准。酸性土壤用 pH 为 4.01 和 6.87 的两种缓冲液进行校准，中性、碱性土壤分别用 pH 为 6.87 和 9.18 的缓冲液进行校准。如测定中性和碱性土壤，将复合电极插入与土壤 pH 接近的标准缓冲液（如 pH6.87）中，调节温度旋钮至 25℃，此时 pH 应为 6.87，如果显示的数值不是 6.87，则用上下键调节读数至 6.87，按"确定"按钮。然后移出电极，用蒸馏水冲洗，并用滤纸吸干。将复合电极再插入 pH9.18 的标准缓冲液中，调节温度旋钮至 25℃，此时如果显示的 pH 不是 9.18，则按上下键调节读数为 9.18，按"确定"按钮，此时校正完成。检查第二个缓冲液的读数时，允许偏差在 0.02 以内。如果偏差较大，则必须更换电极或检查原因。最后移出电极，用水冲洗，滤纸吸干后待用。

2. 测定

称取 10 g 过 2 mm 孔径的风干土样，置于 50 mL 高脚烧杯中，分别用去 CO$_2$ 的蒸馏水和 0.01 mol·L^{-1} CaCl$_2$ 溶液（用于中性、石灰性或碱性土）或 1 mol·L^{-1} KCl 溶液（用于酸性土），按液土比 2.5:1（加 25 mL）和 5:1（加 50 mL）进行浸提，用玻璃棒搅拌 1~2 min，使土壤充分散开，静置 30 min。将复合玻璃电极球部（或底部）浸入土样上清液中，待读数稳定后，记录待测液 pH。每个样品测完后，立即用蒸馏水冲洗玻璃电极，并用滤纸将水吸干，再测定下一个样品。每测定 9~10 个样品后用 pH 标准缓冲液校正一次酸度计。

【注意事项】

1. 不同酸度计的使用方法可参阅仪器使用说明书。

2. 玻璃电极使用前必须活化。可用蒸馏水或 0.1 mol·L^{-1} HCl 溶液浸泡 12~24 h。

【思考题】

1. 为什么盐浸提液所测 pH 比水浸提液的小？

2. 为什么液土比越大，测得的 pH 越大？

实验 14 土壤可溶性盐总量的测定

土壤可溶性盐（soil soluble salt）是指用一定的液土比例、在一定时间内浸提出来的土壤溶液中所含的水溶性盐分。盐渍土壤可溶性盐主要是钠的氯化物、硫酸盐和碳酸盐及重碳酸盐、钙和镁的氯化物。土壤（及地下水）中水溶性盐的分析对掌握盐渍土中盐分动态和盐渍化状况、评估盐分对种子发芽和作物生长的影响以及制定改良措施十分重要。土壤含盐量和电导率是表征土壤盐分状况的主要指标，不仅是用来确定土壤盐渍化程度的主要参数，同时也是田间养分管理和环境监测的重要指标。

土壤水溶性盐的测定分为两步：①水溶性盐的提取；②浸出液中盐分浓度的测定。制备盐渍土水浸出液的液土比有多种，如 1 : 1、2 : 1、5 : 1、10 : 1 和饱和泥浆浸出液等。液土比影响土壤可溶性盐的测定结果，目前没有统一和固定的液土比，我国普遍采用 5 : 1 液土比。一般液土比越大，分析操作越容易，但与作物生长的相关性越差。如果研究土壤中盐分运动规律或某种改良措施对盐分变化的影响，可用较大的液土比（5 : 1）浸提土壤水溶性盐。对碱化土壤而言，1 : 1 的液土比浸提液更适合于碱土化学性质分析方面的研究。在此重点介绍 5 : 1 液土比和饱和泥浆浸提法。

土壤中可溶性盐分析一般包括全盐量、阴离子（Cl^-、SO_4^{2-}、CO_3^{2-}、HCO_3^-、NO_3^-等）和阳离子（Na^+、K^+、Ca^{2+}、Mg^{2+}）含量等项目。土壤可溶性盐总量的测定方法有电导法、残渣烘干法（质量法）和离子加和法（全盐）。电导法比较简便、快速，适合大批量样本分析，如果土壤溶液中几种盐类彼此间的比值比较固定的话，则用电导法测定是相当准确的。残渣烘干法比较准确，但操作繁琐、费时。另外，通过测定不同盐分离子的含量，然后将阴阳离子总量相加也可以得到土壤可溶性盐总量。这里仅介绍残渣烘干法和电导法测定可溶性盐总量的方法。

14-1 残渣烘干法

【实验目的】
掌握用残渣烘干法测定土壤可溶性盐总量的原理和方法。

【实验原理】
吸取一定量的土壤提取液放入瓷蒸发皿中，在水浴或砂浴炉上蒸干，用过氧化氢（H_2O_2）氧化有机质，然后在烘箱 105～110℃条件下烘干，烘至恒重，残渣的质量即为土壤水溶性盐的含量。

【实验器材与试剂】
1. 实验器材
往复式振荡机，电子天平（感量 0.000 1 g 和 0.01 g），离心机（4 000～6 000 r·min⁻¹），钢制环刀（容积为 100 cm³），烘箱，水浴锅或砂浴炉，广口塑料瓶（250 或 500 mL），干燥器，瓷蒸发皿，玻璃瓶或塑料瓶，定性滤纸或 0.45 µm 的滤膜，10 mL 一次性塑料针管，移液器或移液管，小漏斗，烧杯，三角瓶，吸管。布氏漏斗（图 5-1）或其他类似抽滤装置。

2. 实验试剂

（1）15% H_2O_2 溶液，无 CO_2 蒸馏水。

（2）0.1% 六偏磷酸钠溶液：称取 0.1 g 六偏磷酸钠 [$(NaPO_3)_6$，分析纯] 溶于水中，稀释定容至 100 mL。

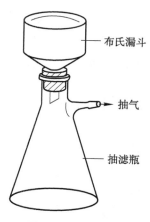

图 5-1　布氏漏斗

【实验操作与步骤】

1. 待测液制备

（1）液土比 5∶1 待测液的制备：称取过 2 mm 筛孔的风干土样 20.0 g，放入 250 mL 广口塑料瓶中，加入去 CO_2 冷却蒸馏水 100 mL（液土比 5∶1），盖紧瓶口，在振荡机上振荡 3 min，立即用定性滤纸或 0.45 μm 的滤膜过滤，最初约 10 mL 滤液弃去。如滤液浑浊，则应重新过滤，直到获得清亮的浸出液。将浸出液保存于干净的玻璃瓶或塑料瓶中，此液不宜久放。浸出液的电导值、pH、CO_3^{2-}、HCO_3^- 等指标应立即测定。剩余浸出滤液，每 25 mL 溶液加入 0.1% 六偏磷酸钠溶液 1 滴，以防溶液中 $CaCO_3$ 沉淀。塞紧瓶口，留待分析用。

（2）饱和泥浆待测液的制备：采用浸润法制备土壤饱和浸提液。称取 130 g 过 2 mm 筛孔的风干土样，装入 100 cm^3 的环刀内，将垫有粗滤纸并有小孔的底盖一端朝下，放入平底盆或其他容器中。在容器中注入无 CO_2 蒸馏水，使水面低于环刀上口边缘 1～2 mm，以利于土壤空气的排出。切勿使水浸淹环刀的顶端，以免造成封闭孔隙。环刀浸泡 24 h 后，将环刀内饱和泥浆在 4 000～6 000 r·min^{-1} 转速下离心提取待测液，或移入预先铺有密实滤纸的布氏漏斗中（先加少量泥浆润湿滤纸），抽气使滤纸紧贴于漏斗，继续倒入泥浆，减压抽滤。将滤液收集在干净、带盖的塑料瓶中备用。

2. 总盐含量测定

吸取制备的待测液 20～50 mL（根据盐分多少取样），放入已知烘干质量的瓷蒸发皿（m_1）中，置于水浴锅或砂浴炉上蒸干后，在残渣中滴加 15% H_2O_2 溶液，使残渣湿润，继续蒸干，如此反复处理，直至有机质完全氧化，残渣变白为止。蒸干后放入烘箱，在 105～110℃烘干 1～2 h。取出放在干燥器中冷却约 30 min，在电子天平上称重。再重复烘干 1 h，在干燥器中冷却，烘至恒重（m_2）。前后两次质量之差不得大于 1 mg。

【结果计算】

$$水溶性盐总量（\%）= \frac{(m_2 - m_1) \times t_s}{m} \times 100$$

式中：$(m_2 - m_1)$ 为干残渣烘干质量（g）；t_s 为土壤浸出液分取倍数；m 为称取风干土样的烘干质量（g）。

【注意事项】

1. 吸取待测液的体积应以盐分含量的多少而定，如果含盐量 > 5.0 g·kg^{-1}，则吸取 25 mL；含盐量 < 5.0 g·kg^{-1}，则吸取 50 mL 或 100 mL。保持待测液盐分含量在 0.02～0.2 g。

2. 加 H_2O_2 去除有机质时，只要使残渣湿润即可，以避免 H_2O_2 分解时泡沫过多使盐分溅失，因而必须少量多次地反复处理，直至残渣完全变白为止。但溶液中有铁存在而出现黄色氧化铁时，不可误认为是有机质的颜色。

3. 由于盐分（特别是镁盐）在空气中容易吸水，故在测定含镁盐样品时，应在相同的时间和条件下冷却称重。

4. 待测液不宜在室温下放置时间过长（一般不得超过 1 d），否则会影响 Ca^{2+}、Mg^{2+}、CO_3^{2-} 和 HCO_3^- 的测定。可将待测液于 4℃冷藏备用。

5. 液土比、振荡时间和提取方式对盐分的溶出量均有一定的影响，在分析报告中应加以说明。

【思考题】

1. 待测液为什么不应在室温下长时间放置？

2. 残渣烘干法测定总盐量时，误差产生的主要原因有哪些？应如何校正？

14-2 电 导 法

电导率是指物体传导电流的能力。以测定电解质溶液的电导率为基础的分析方法，称为电导分析法。土壤水溶性盐属强电解质，其水溶液具有导电作用。电导率和溶液的总盐浓度密切相关，因此土壤中可溶性盐分的含量可以通过测定土壤浸出液的电导率来确定。在一定范围内，溶液的含盐量与电导率呈正相关，因此，土壤浸出液电导率的数值能够反映土壤含盐量的高低。

【实验目的】

掌握用电导法测定土壤可溶性盐总量的原理和方法。

【实验原理】

土壤可溶性盐属强电解质，其水溶液具有导电作用。在一定浓度范围内，溶液的含盐量与电导率呈正相关，含盐量越高，电导率也越大。用一定液土比提取的浸出液，通过电导仪测得电导，经电极常数 K 和温度校正值（f_t）校正后即为电导率（EC，常用单位为毫西门子·厘米$^{-1}$，即 mS·cm^{-1}）。依照盐分与电导率的关系曲线计算出土壤可溶性盐分总量。

【实验器材与试剂】

1. 实验器材

电导仪（雷磁 DDS-307A），其他同实验 14-1。

2. 实验试剂

（1）0.01 mol·L^{-1} KCl 溶液：称取 0.745 6 g 干燥的 KCl（分析纯），溶于刚煮沸过的冷却蒸馏水中，于 25℃稀释至 1 L，贮于塑料瓶中备用。这一参比标准溶液在 25℃时的电阻率是 1.412 dS·m^{-1}。

（2）0.02 mol·L^{-1} KCl 溶液：称取 1.491 1 g KCl，同上法配成 1 L 溶液，则 25℃时的电阻率是 2.765 dS·m^{-1}。

【实验操作与步骤】

1. 仪器校准

测定土壤 EC 值之前，首先用已知 EC 值的标准 KCl 溶液（0.01 mol·L^{-1} 或 0.02 mol·L^{-1} KCl）检测电导仪是否正常。将电导仪及电极引线连接好，接通电源，打开电源开关并预热 10 min，按电导仪说明书要求调节仪器的工作状态。将电导电极插入已知浓度的 KCl 溶液中心部位，测量其温度，然后轻轻摇动电极片刻，读取电导度读数（S），计算 25℃时电导率实测值是否与标准值一致。

2. 测定

取实验 14-1 中制备的待测液（5∶1 液土比和饱和泥浆浸提液）置于 50 mL 高脚烧杯中。将校准好的电导仪电极插入待测液中心部位，测量待测液温度，然后轻轻摇动电极片刻，读取电导读数，记下待测液的电导度读数（S），每个样品应重读 2~3 次。取出电极，用待测液或蒸馏水冲洗 1~2 次后，以滤纸吸干，准备测定下一个样品。测定一批样品时，应每隔 10 min 测一次液温，在 10 min 内所测样品可用前后两次液温的平均温度。

【结果计算】

1. 土壤浸出液电导率的计算

土壤浸出液的电导率（EC_s）＝电导度（S）×温度校正系数（f_t）×电极常数（K）。

饱和泥浆待测液测定的电导率一般记为 EC_e。一般电导仪的电极常数值已在仪器上补偿，故只要乘以温度校正系数即可，不再乘电极常数（K），温度校正系数（f_t）可查表 5-1。

表 5-1 电导的温度校正系数（f_t）

温度/℃	校正值	温度/℃	校正值	温度/℃	校正值	温度/℃	校正值	温度/℃	校正值	温度/℃	校正值
9.0	1.448	19.0	1.136	21.8	1.068	24.6	1.008	27.4	0.953	30.2	0.904
10.0	1.411	19.2	1.131	22.0	1.064	24.8	1.004	27.6	0.950	30.4	0.901
11.0	1.375	19.4	1.127	22.0	1.060	25.0	1.000	27.8	0.947	30.6	0.897
12.0	1.341	19.6	1.122	22.4	1.055	25.2	0.996	28.0	0.943	30.8	0.894
13.0	1.309	19.8	1.117	22.6	1.051	25.4	0.992	28.2	0.940	31.0	0.890
14.0	1.277	20.0	1.112	22.8	1.047	25.6	0.988	28.4	0.936	31.2	0.887
15.0	1.247	20.2	1.107	23.0	1.043	25.8	0.983	28.6	0.932	31.4	0.884
16.0	1.218	20.4	1.102	23.2	1.038	26.0	0.979	28.8	0.929	31.6	0.880
17.0	1.189	20.6	1.097	23.4	1.034	26.2	0.975	29.0	0.925	31.8	0.877
18.0	1.163	20.8	1.092	23.6	1.029	26.4	0.971	29.2	0.921	32.0	0.873
18.2	1.157	21.0	1.087	23.8	1.025	26.6	0.967	29.4	0.918	33.0	0.858
18.4	1.152	21.2	1.082	24.0	1.020	26.8	0.964	29.6	0.914	34.0	0.843
18.6	1.147	21.4	1.078	24.2	1.016	27.0	0.960	29.8	0.911	35.0	0.829
18.8	1.142	21.6	1.073	24.4	1.012	27.2	0.956	30.0	0.907	36.0	0.815

2. 土壤样品可溶性盐总量的计算

溶液的电导不仅与溶液中盐分的浓度有关，而且也受盐分的组成成分的影响。因此要使电导的数值符合土壤溶液中盐分的浓度，就必须预先选取研究地区不同盐分含量的代表性土样若干个（如 20 个以上），采用残渣烘干法或离子加和法测得土壤可溶性盐总量，同时再以电导法测其土壤溶液的电导，换算为 25℃时的电导率（EC_{25}）。样品的可溶性盐总量由该地区土壤全盐量与电导率（EC_{25}）建立的回归方程 $x = (y - a)/b$ 求得。式中：x 为土壤可溶性盐含量（% 或 $g \cdot kg^{-1}$），y 为土壤浸出液的电导率（$dS \cdot m^{-1}$），a 为截距，b 为斜率。

3. 用土壤浸出液的电导率来表示土壤盐渍化程度

美国用饱和泥浆浸出液的电导率来估计土壤全盐量，以表示土壤盐渍化程度，其结果较接近田间实际情况，并已有明确的应用指标（表 5-2）。

表 5-2　土壤饱和浸出液的电导率、盐分含量与土壤盐渍化程度的关系（鲍士旦，2000）

25℃下饱和土浆浸出液的 EC_e / ($dS \cdot m^{-1}$)	盐分含量 / ($g \cdot kg^{-1}$)	盐渍化程度	植物反应
0 ~ 2	<1.0	非盐渍化	对作物不产生盐害
2 ~ 4	1.0 ~ 3.0	轻度盐渍化	对盐分极敏感的作物产量可能受到影响
4 ~ 8	3.0 ~ 5.0	中度盐渍化	对盐分敏感作物产量受到影响，但对耐盐作物无明显影响
8 ~ 16	5.0 ~ 10.0	重度盐渍化	只有耐盐作物有收成，但影响种子发芽，而且出现缺苗，严重影响产量
>16	>10.0	极重盐土	只有极少数耐盐植物能生长，如耐盐的牧草、灌木、树木等

【注意事项】

1. 一般电导仪的电极常数值已在实验器材上补偿，故只要乘以温度校正系数即可，不需要再乘以电极常数。温度对电导率的影响很大，测定过程中要注意温度的测量和校正，温度校正系数可查表 5-1。粗略校正时，可按每增高 1℃，电导约增加 2% 计算。

2. 土壤电导率数值可反映土壤含盐量的高低，但不能反映混合盐的组成。

3. 待测液盐分过高时，必须经过稀释或选择电极常数较高的铂黑电极进行电导率测定。

4. 待测液制备后，应尽快测定，以免由于空气中 CO_2 侵入而使电导值改变。

【思考题】

比较残渣烘干法和电导法测定土壤全盐量的优缺点。

实验 15　土壤阳离子交换量的测定

阳离子交换量（cation exchange capacity，CEC）是指土壤胶体所能吸附的各种阳离子的总量，其数值以每千克土壤吸附的阳离子总量的厘摩尔数表示（cmol·kg^{-1}）。阳离子交换量的大小，可作为评价土壤保肥能力的指标。测定土壤阳离子交换量的方法有若干种，可根据土壤的性质和仪器设备条件以及不同测定目的加以选择。这里仅介绍适用于中性、酸性和石灰性土壤阳离子交换量的乙酸铵–EDTA 交换法和简捷快速的三氯化六氨合钴浸提–分光光度法。

15-1　乙酸铵–EDTA 交换法

【实验目的】

掌握乙酸铵–EDTA 交换法测定土壤阳离子交换量的原理和方法。

【实验原理】

采用 EDTA 与乙酸铵混合液作为交换剂，在适宜的 pH 条件下（酸性和中性土壤用 pH 7.0，石灰性土壤用 pH 8.5），NH_4^+ 可与土壤胶体上的 Ca^{2+}、Mg^{2+}、Al^{3+} 等进行离子交换，而 EDTA 可与交换出来的阳离子络合，很快形成解离度极小而稳定性大的络合物，但不会破坏土壤胶体。同时，由于 NH_4^+ 的存在，交换性 H^+ 和 K^+、Na^+ 等离子也能交换完全，使土壤成为 NH_4^+ 饱和土。然后用淋洗法或离心法将过量的乙酸铵用 95% 乙醇洗去，再将土壤用蒸馏水洗入平底烧瓶中，通过定氮蒸馏法进行蒸馏。蒸馏出的氨用硼酸溶液吸收，用标准酸溶液滴定。根据 NH_4^+ 的含量计算出土壤阳离子交换量。

【实验器材与试剂】

1. 实验器材

离心机（转速 3 000 ~ 5 000 r·min^{-1}），半微量定氮蒸馏装置（图 5-2）或凯氏定氮

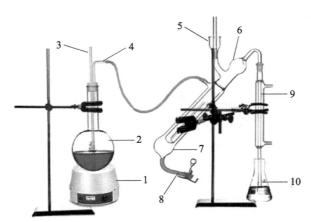

图 5-2　定氮蒸馏装置图

1—电炉；2—水蒸气发生器（2 L 平底烧瓶）；3—安全管；4—弯导管及乳胶管；5—小玻璃杯及棒状玻塞；
6—反应室；7—反应室外层；8—橡皮管及螺旋夹；9—冷凝管；10—蒸馏液收接瓶

仪，100 mL 离心管，电子天平（感量 0.01 g），容量瓶，带橡皮头的玻璃棒。

2. 实验试剂

（1）0.005 mol·L^{-1} EDTA 与 1 mol·L^{-1} 乙酸铵混合液：称取 77.09 g 乙酸铵（CH_3COONH_4，分析纯）、1.641 g EDTA（分析纯），加蒸馏水溶解后一起洗入 1 L 容量瓶中，再加蒸馏水至 900 mL 左右，用 1∶1 氨水或稀乙酸调节 pH 至 7.0（用于酸性和中性土壤的提取）或 pH8.5（用于石灰性土壤的提取），然后定容至刻度备用。

（2）工业用 95% 乙醇（无铵根离子存在），KCl（固体）。

（3）20 g·L^{-1} 硼酸溶液：称取 20 g 硼酸（H_3BO_3，分析纯）加入热蒸馏水（60℃）溶解，冷却后稀释定容至 1 L，最后用稀 HCl 或稀 NaOH 调节 pH 至 4.5（加入定氮混合指示剂后显淡紫红色）。

（4）定氮混合指示剂（甲基红–溴甲酚绿混合指示剂）：分别称取 0.1 g 甲基红（$C_{15}H_{15}O_2N_3$，分析纯）和 0.5 g 溴甲酚绿（$C_{21}H_{14}Br_4O_5S$，分析纯）指示剂于玛瑙研钵中，用 100 mL 95% 乙醇研磨溶解。此液须用稀 HCl 或稀 NaOH 调节 pH 至 4.5（定氮混合指示剂显葡萄酒红色）。对于含氮量少的样品，还可以用另一更灵敏的混合指示剂：0.099 g 溴甲酚绿和 0.066 g 甲基红溶于 100 mL 95% 乙醇中。

（5）纳氏试剂（用于定性检查）：称取 134 g NaOH（分析纯）溶于 460 mL 蒸馏水中；另称 20 g 碘化钾溶于 50 mL 蒸馏水中，加入约 32 g 碘化汞，使溶液至饱和状态，然后将以上两种溶液混合即可，贮存于棕色瓶中，塞紧瓶塞。

（6）0.05 mol·L^{-1} HCl 标准溶液：吸取 4.2 mL 浓 HCl，用水稀释并定容至 1 L。配制好的 HCl 标准溶液用无水 Na_2CO_3 标定。标定的方法参考附录 5.2。

（7）MgO（固体）：将 MgO（分析纯）放入镍容器内，在 500～600℃高温电炉中灼烧半小时，冷却后贮存于密闭的玻璃容器中。

（8）液态或固态石蜡。

【实验操作与步骤】

1. 乙酸铵–EDTA 交换：称取过 2 mm 筛孔的风干土样 1.00 g（精确到 0.01 g），有机质含量少的土样可称 2～5 g，将其小心放入 100 mL 离心管中，沿管壁加入少量 EDTA–乙酸铵混合液，用带橡皮头的玻璃棒充分搅拌样品，使样品与混合液混匀，呈均匀的泥浆状态，再加 EDTA–乙酸铵混合液继续搅拌，直至管中无明显团块为止。然后用混合液冲洗管壁及带橡皮头的玻璃棒，使总体积达 80 mL 左右。将离心管成对放在普通天平上，加混合液使之平衡，再对称放入离心机中，以 3 000 r·min^{-1} 转速离心 3～5 min，弃去离心管中的上清液。

2. 洗涤过剩的铵盐：向载土离心管中加入少量无铵乙醇，用带橡皮头的玻璃棒充分搅拌，使土壤呈均匀泥浆状态；再用乙醇冲洗管壁及带橡皮头的玻璃棒，使总体积达 80 mL 左右，将离心管成对放在普通天平上，加乙醇使之平衡，再对称放入离心机中，以 3 000 r·min^{-1} 转速离心 3～5 min，弃去上清液，如此反复 2～3 次，洗至无铵离子反应为止。铵离子的存在用纳氏试剂检验，即离心弃去的上清液中加纳氏试剂 1 滴，如无黄色，则表示无铵离子存在；如有黄色，表示有铵离子，应继续洗涤直至无铵离子为止。

3. 蒸馏：将离心管中的土样用蒸馏水无损地洗入平底烧瓶中，体积控制在 80 ~ 100 mL，加入约 0.5 g KCl 和 0.5 g MgO，然后在定氮蒸馏装置或定氮仪上进行蒸馏（有机质高的土壤可加入约 1 mL 液状石蜡，以减少发泡），同时进行空白试验。蒸馏出的 NH_4^+ 用硼酸溶液吸收，直至蒸馏液无铵根离子反应为止（一般需 10 ~ 15 min，可用纳氏试剂检查）。

4. 滴定：吸收液中加 2 滴定氮混合指示剂，用 0.05 mol·L^{-1} HCl 标准溶液滴定，溶液由蓝绿色变为微红色为终点，记录滴定 HCl 标准溶液体积，同时蒸馏和滴定空白样品体积。

【结果计算】

$$土壤阳离子交换量（cmol·kg^{-1}）= \frac{c \times (V - V_0) \times 1\,000}{m \times 10}$$

式中：V 为滴定待测液所消耗 HCl 标准溶液的体积（mL）；V_0 为滴定空白所消耗 HCl 标准溶液的体积（mL）；c 为 HCl 的浓度（mol·L^{-1}）；m 为土样的烘干质量（g）；10 是将 mmol 换算成 cmol 的系数；1 000 为换算成每千克土壤中的厘摩尔数的系数。

【注意事项】

1. 可溶性盐或碱化度较高的土壤，因其 Na^+ 较多，会与 EDTA 形成稳定的、解离常数较小的 EDTA 二钠盐，一次提取交换可能不完全，故需交换 2 ~ 3 次。

2. 有机质含量特别高的土壤（有机质 > 100 g·kg^{-1}），蒸馏时发泡剧烈，可向蒸馏瓶中加 1 mL 左右液状石蜡，以抑制发泡，或者减少称样质量。

3. 使用的 MgO 必须先经高温灼烧，以除去 $MgCO_3$，而将其贮存于密闭瓶中，则可隔绝其与大气 CO_2 接触。含有碳酸的 MgO，在蒸馏中会导致 CO_2 游离，干扰滴定。

【思考题】

石灰性土壤交换量的测定中存在哪些问题？应如何解决？

15–2　三氯化六氨合钴浸提 – 分光光度法

【实验目的】

学习使用三氯化六氨合钴浸提 – 分光光度法测定土壤阳离子交换量的原理和方法。

【实验原理】

在 20 ± 2℃条件下，用三氯化六氨合钴溶液浸提土壤，土壤胶体上交换态阳离子与三氯化六氨合钴发生离子交换作用进入溶液中，由于部分三氯化六氨合铵被交换吸附到土壤胶体上，使溶液中三氯化六氨合钴的浓度降低，通过测定交换吸附前后溶液中三氯化六氨合钴的浓度，可以得出土壤阳离子交换量。三氯化六氨合钴在 475 nm 处有特征吸收峰，溶液中三氯化六氨合钴的浓度变化可以通过比色法进行测定。该法适用于各类土壤中阳离子交换量的测定。

【实验器材与试剂】

1. 实验器材

电子天平（感量 0.001 g），分光光度计（10 mm 光程比色皿），振荡机，离心机（转速 3 000～5 000 r·min⁻¹），圆底塑料离心管（100 mL），刻度玻璃试管。

2. 实验试剂

1.66 cmol·L⁻¹ 三氯化六氨合钴溶液：称取 4.458 g 三氯化六氨合钴 [Co(NH₃)₆Cl₃，优级纯] 溶于蒸馏水或去离子水中，定容至 1 L，4℃低温保存。

【实验操作与步骤】

1. 土样浸提

称取过 2 mm 筛孔的风干土样 3.500 g，置于 100 mL 离心管中，加入 1.66 cmol·L⁻¹ 三氯化六氨合钴溶液 50.0 mL，旋紧离心管密封盖，在 20±2℃条件下振荡 60±5 min，振荡频率为 150～200 次·min⁻¹，振荡过程中使土壤浸提液混合物保持悬浊状态。振荡提取结束后，以 4 000 r·min⁻¹ 离心 10 min，收集上清液于比色管中，24 h 内完成比色分析。同时进行空白试验，空白样品用蒸馏水或去离子水代替土壤，其他与土样的浸提步骤相同。

2. 标准曲线的建立

分别吸取 0、1.0 mL、3.0 mL、5.0 mL、7.0 mL、9.0 mL 的 1.66 cmol·L⁻¹ 三氯化六氨合钴溶液于 6 个 10 mL 刻度玻璃试管中，分别加蒸馏水或去离子水定容至刻度，三氯化六氨合钴的浓度分别为 0、0.166 cmol·L⁻¹、0.498 cmol·L⁻¹、0.830 cmol·L⁻¹、1.16 cmol·L⁻¹ 和 1.49 cmol·L⁻¹。用 10 mm 比色皿在波长 475 nm 处，以去离子水为参比，分别测量吸光度。以三氯化六氨合钴溶液浓度（cmol·L⁻¹）为横坐标，以其相应的吸光度为纵坐标，建立标准曲线。

【结果计算】

$$土壤阳离子交换量（cmol·kg^{-1}）= \frac{(A_0 - A) \times V \times 3}{b \times m}$$

式中：A_0 为空白样品吸光度；A 为土样吸光度或校正吸光度；V 为浸提液体积（mL）；3 为 [Co(NH₃)₆]³⁺ 的电荷数；b 为标准曲线斜率；m 为土样的烘干质量（g）。

【注意事项】

1. 当土样中有机质含量较高时，有机质在 475 nm 处也有吸收，会影响阳离子交换量的测定结果。可同时在 380 nm 处测量土样吸光度，以校正可溶性有机质的干扰。假设 A_1 和 A_2 分别为土样在 475 nm 和 380 nm 处的吸光度，则土样校正吸光度为 $1.025A_1 - 0.205A_2$。

2. 离心后收集的上清液应尽快完成比色分析，因为三氯化六氨合钴溶液长时间放置时会析出少量三氯化六氨合钴固体颗粒，导致浸提上清液浓度偏低，影响比色结果。

3. 配制的三氯化六氨合钴标准溶液，长时间放置会导致溶质析出，溶液浓度发生变化，应每日重新建立标准曲线，从而保证数据准确。

【思考题】

三氯化六氨合钴浸提 – 分光光度法与乙酸铵 –EDTA 交换法的测定原理有何区别？

实验 16　土壤碳酸钙含量的测定

土壤中无机碳主要以碳酸盐的形式存在，而无机碳酸盐主要以难溶性的方解石（$CaCO_3$）、白云石（$CaCO_3 \cdot MgCO_3$）和含镁方解石（$Ca_{1-x}Mg_xCO_3$）的形态存在，一般以方解石为主。不论碳酸盐存在的形态如何，通常均以碳酸钙含量来表示碳酸盐含量。在干旱半干旱地区，碳酸钙在土壤剖面中的淋溶和淀积特征是判断土壤形成、分类和肥力状况的指标之一。比较同一土壤不同土层之间碳酸钙含量的差异，可以说明碳酸钙的淋溶与淀积情况。碳酸钙与土壤的许多性质关系密切，土壤中碳酸盐对土壤酸碱度、养分状况、土壤胶体性状等有明显的影响。另外，在土壤分析工作中，有很多项目的方法选择要考虑碳酸盐的含量。因此，该项分析不仅是判断土壤基本性状和肥力水平的需要，也是某些分析方法选择的基础。

土壤无机碳酸盐的测定方法较多，目前常用的方法有酸碱中和滴定法和气量法。酸碱中和滴定法比较快速且易于操作，适合大批量的样品测定，缺点是指示剂颜色变化迟钝，终点不易辨别，测定误差较大。气量法测定结果比较稳定、耗时短，缺点是受气压和温度的影响比较大，每次测定时需要做标准曲线，操作不方便，过程较繁琐。

16–1　酸碱中和滴定法

【实验目的】

掌握用酸碱中和滴定法测定土壤碳酸钙含量的原理与方法。

【实验原理】

土壤中的 $CaCO_3$ 与一定量的 HCl 作用后，剩余的酸再用标准碱溶液回滴，以酚酞为指示剂，用净消耗的 HCl 来计算土壤碳酸钙的含量（反应式如下）。

$$CaCO_3 + 2HCl \longrightarrow CaCl_2 + H_2O + CO_2 \uparrow$$

此法只能测得近似结果，因为所加的盐酸不仅能与碳酸盐作用，还能与其他物质发生反应。由于酸与土壤矿物质作用，特别是在加热过程中会使许多物质发生反应，导致土壤胶体分散，滤液浑浊。当用标准碱溶液回滴时，滤液具有比较强的缓冲作用，使酚酞颜色变化迟钝，终点不易辨别，在加热条件下滴定，显色则有所改善。

【实验器材与试剂】

1. 实验器材

电子天平（感量 0.001 g），电热板，烧杯，移液管，容量瓶，滴定管，三角瓶。

2. 实验试剂

（1）0.5 mol·L^{-1} HCl 标准溶液：吸取 42 mL 浓 HCl 稀释至 1 L，用无水 Na_2CO_3 或硼砂标定，标定方法参考附录 5.2。

（2）0.25 mol·L^{-1} NaOH 标准溶液：称取 10 g NaOH（分析纯）溶于无 CO_2 水中并

稀释至 1 L。用 0.100 0 mol·L^{-1} 邻苯二甲酸氢钾溶液标定其准确浓度，标定方法参考附录 5.3。

（3）0.100 0 mol·L^{-1} 邻苯二甲酸氢钾标准溶液：称取 20.423 g 经 105℃烘干的邻苯二甲酸氢钾（$C_8H_5O_4K$，分析纯）溶于蒸馏水中，定容到 1 L。

（4）10 g·L^{-1} 酚酞指示剂：1 g 酚酞溶于 100 mL 70% 乙醇中。

【实验操作与步骤】

称取过 0.149 mm 孔径的风干土样 3.00～10.00 g（含 $CaCO_3$ 0.2～0.4 g），放入 100 mL 烧杯中，用移液管加入 0.5 mol·L^{-1} HCl 标准溶液 20 mL（以过量 25%～100% 为宜），盖以表面皿，用玻璃棒搅拌，在电热板上小火加热微沸 5 min 以除尽 CO_2。冷却后转入 100 mL 容量瓶，用蒸馏水冲洗土壤及烧杯 5～6 次，加水定容摇匀。吸取 50 mL 上清液于 150 mL 三角瓶中，加 2 滴酚酞指示剂，用 0.25 mol·L^{-1} NaOH 标准溶液回滴剩余 HCl，滴定至红色在 1 min 左右不褪色为止。记录所用 NaOH 标准溶液的体积。

【结果计算】

1. 土壤中 $CaCO_3$ 含量（g·kg^{-1}）$= \dfrac{(c_1 \times 0.5 \times V_1 - c_2 \times V_2) \times M \times 10^{-3}}{m} \times 1\,000$

式中：c_1 和 V_1 分别为 HCl 标准溶液的浓度（mol·L^{-1}）和体积（mL）；c_2 和 V_2 分别为 NaOH 标准溶液的浓度（mol·L^{-1}）和体积（mL）；0.5 为滴定时吸取酸液的体积是总体积的一半；M 为 1/2 $CaCO_3$ 的摩尔质量（为 50 g·mol^{-1}）；10^{-3} 为将 mL 换算成 L 的系数；1 000 为换算成每 1 kg 土壤中 $CaCO_3$ 的含量的系数；m 为样品的烘干质量（g）。

2. 平行测定结果允许误差如表 5-3 所示。

表 5-3　中和滴定法平行测定结果允许误差

碳酸盐含量 /%	<1	1～5	5～10	10～20
允许绝对误差 /%	<0.4	<1.2	<1.6	<2

【注意事项】

1. 为了使反应快速且完全彻底，HCl 用量应为中和 $CaCO_3$ 所需体积的 2 倍以上。

2. 当用 NaOH 标准溶液回滴时，滤液具有比较强的缓冲作用，导致酚酞颜色变化迟钝，终点不易辨别，但在加热条件下滴定显色则有所改善。

【思考题】

测定土壤中的 $CaCO_3$ 含量有什么重要意义？

16-2　气　量　法

【实验目的】

学习用气量法测定土壤碳酸钙含量的原理和方法。

【实验原理】

土壤中的碳酸盐与 HCl 作用产生 CO_2，用气体装置收集并测量 CO_2 的体积，根据

CO_2 体积计算出土壤碳酸盐含量，或在标准曲线中直接查出 $CaCO_3$ 的含量。

【实验器材与试剂】

1. 实验器材

气量装置（见示意图 5-3），电子天平（感量 0.000 1 g），三角瓶或广口瓶，镊子，塑料杯。

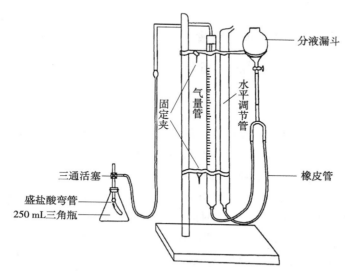

图 5-3　碳酸钙气量装置（引自张甘霖等，2012）

2. 实验试剂

（1）1 : 3 HCl 溶液：量取 1 份浓盐酸与 3 份蒸馏水混合。

（2）$CaCO_3$（分析纯）。

（3）1 g·L^{-1} 甲基红指示剂：称取 0.1 g 甲基红，溶于 100 mL 95% 乙醇中。

（4）气量管用水：1 L 蒸馏水加 HCl 溶液 40 mL，加 1 mL 甲基红指示剂。

【实验操作与步骤】

1. 称取过 0.149 mm 孔径的风干土壤 0.500 ~ 10.000 g（根据土壤中碳酸盐含量确定样品称样量），置于反应瓶（250 mL 三角瓶或广口瓶）中，用蒸馏水湿润样品和瓶壁。用 10 mL 塑料杯装入 1 : 3 HCl 溶液 5 ~ 10 mL，用镊子小心地放入盛有土样的反应瓶中，塞上装有连通管的橡皮塞，检验是否漏气，然后转动三通活塞使反应瓶及气量管均与外界相通，用分液漏斗中的酸性封闭液调节气量管液面为零，并与水平调节管液面相持平。

2. 转动三通活塞，使反应瓶及气量管均与外界隔绝，握住反应瓶颈，缓缓倾斜反应瓶，使塑料杯中的 HCl 溶液倒入三角瓶底，小心摇晃 3 ~ 4 次，使 HCl 与土壤充分混合发生反应，到两管液面不再变化为止，产生的气体通过橡皮塞上的连通管到达装有色液体的气量管中，倒入 HCl 溶液之前和之后的气量管液面的体积差即为产生的 CO_2 体积，根据产生的气体体积及标准曲线计算无机碳的含量。

3. $CaCO_3$ 和 CO_2 体积相关曲线：分别称取经 105 ℃烘干过的 $CaCO_3$ 0、0.050 0 g、0.100 0 g、0.200 0 g、0.300 0 g、0.400 0 g（精确到 0.000 1 g）于 250 mL 三角瓶中（如果用 50 mL 气量管收集气体，称取 $CaCO_3$ 不要大于 0.2 g），按上述相同操作步骤测定产生的 CO_2 体积，以 CO_2 体积（mL）为纵坐标，$CaCO_3$ 质量（g）为横坐标，做标准曲线或求出其回归方程。然后根据土壤样品测定的 CO_2 体积查出碳酸钙含量。

【结果计算】

$$土壤中 CaCO_3 含量（g \cdot kg^{-1}）= \frac{M}{m} \times 1\ 000$$

式中：M 为标准曲线上查出的 $CaCO_3$ 质量（g）；m 为烘干土样质量（g）；1 000 为换算成每 1 kg 土壤中碳酸盐的系数。

【注意事项】

1. 整个装置系统不能有漏气现象。装置的气量管中液体为酸化水，加几滴甲基红指示剂，主要是为了减少 CO_2 的溶解和使读数清晰。

2. 根据土壤中碳酸盐含量确定称样量，具体方法是：将少许土壤放在白瓷盘凹穴中，加 1∶3 HCl 溶液 2～3 滴，如无明显气泡，表明碳酸盐含量在 1% 以下，可称样 10 g；若有明显气泡，又能持续一段时间，表明碳酸盐含量在 1～5 g，可称样 5 g；如发泡剧烈且持久，并外溢出凹穴外，表明碳酸盐含量在 5 g 以上，应称样 0.5～1 g。

3. 蒸馏水湿润样品，可使瓶内水气压达到平衡，并可冷却 $CaCO_3$ 与 HCl 反应产生的热量及缓解其剧烈反应的过程。

4. $CaCO_3$ 和 HCl 反应时，应及时用分液漏斗调整气量管与水平调节管中液体的液面保持基本平衡，勿使高差太大，这样气量管及反应瓶中 CO_2 压力才能接近大气压，避免漏气及 CO_2 溶解。

5. 气量法的准确性受环境温度的影响较大，因此样品测定应在相同温度的环境中进行。

【思考题】

比较气量法与酸碱中和滴定法测定土壤碳酸钙含量的区别。

第6章
土壤养分含量分析

土壤养分是由土壤提供给植物生长所必需的营养元素。目前已经确定的植物必需营养元素 17 种，包括碳、氢、氧、氮、磷、钾、钙、镁、硫、硼、铁、锰、铜、锌、钼、氯、镍。其中碳、氢、氧来自大气和水，其余元素主要来自土壤。对于高等植物而言，土壤中能够与植物根系接触、被植物吸收并影响其生长速率的那部分养分，称为土壤有效养分。在植物必需的 17 种营养元素中，植物对氮、磷、钾的需要量较大，而土壤供应的有效性养分数量有限，养分供求之间存在着明显的矛盾和不协调现象，往往通过施肥形式加以补充（特别在农业生态系统），故将氮、磷、钾三种元素称为植物营养三要素。土壤养分状况可以反映土壤养分的数量、形态、分解、转化规律以及土壤的保肥、供肥性能，是评价土壤生产力高低的重要标志之一。本章主要介绍土壤氮、磷、钾含量及其有效养分的测定方法。

实验 17　土壤全氮含量的测定

土壤全氮是指土壤中有机氮和无机氮（主要包括铵态氮、硝态氮与亚硝态氮）含量的总和。土壤有机氮一般占土壤全氮的 92% ~ 98%，无机氮的比例一般在 2% ~ 8%。对于自然土壤来说，土壤全氮含量是气候、地形或地貌、植被和生物、母质以及成土年龄或时间的函数。对于农田土壤来说，除前述因素外，还取决于土地利用方式、轮作制度、施肥制度以及耕作和灌溉制度等。土壤全氮是评价土壤肥力的重要指标。目前在土壤全氮测定中，一般以凯氏法为标准方法，为缩短消煮时间和节省试剂，均采用半微量凯氏法。这里介绍土壤全氮测定的两种方法：凯氏定氮法和元素分析仪法，凯氏定氮法又分为包括硝态氮和不包括硝态氮的两种土壤处理过程。

17-1　凯氏定氮法

【实验目的】
掌握利用凯氏定氮法测定土壤全氮的原理和方法。

【实验原理】
1. 不包括硝态氮和亚硝态氮的测定
土壤中的含氮有机化合物，在催化剂的参与下，用浓硫酸消煮分解，使其中所含的氮转化为氨，氨与硫酸结合生成硫酸铵，然后加碱蒸馏。蒸馏出来的氨，用硼酸溶液吸收。硼酸溶液中的氨用 H_2SO_4（或 HCl）标准溶液滴定，计算土壤全氮含量。

（1）消煮的原理

在高温下硫酸是一种强氧化剂，能氧化有机化合物中的碳，生成 CO_2，从而分解有机质。

$$2H_2SO_4 + C \longrightarrow 2H_2O + 2SO_2 \uparrow + CO_2 \uparrow$$

样品中的含氮有机化合物，如蛋白质在浓 H_2SO_4 的作用下，水解成为氨基酸，氨基酸又在 H_2SO_4 的脱氨作用下，还原成氨，氨与硫酸结合成为 $(NH_4)_2SO_4$ 留在溶液中。主要反应如下：

$$蛋白质 \longrightarrow 各种氨基酸$$
$$NH_2CH_2COOH + 3H_2SO_4 \longrightarrow NH_3 + 2CO_2 \uparrow + 3SO_2 \uparrow + 4H_2O$$
$$2NH_3 + H_2SO_4 \longrightarrow (NH_4)_2SO_4$$

Se 的催化过程如下：

$$2H_2SO_4 + Se \longrightarrow H_2SeO_3 + 2SO_2 \uparrow + H_2O$$
$$H_2SeO_3 \longrightarrow SeO_2 + H_2O$$
$$SeO_2 + C \longrightarrow Se + CO_2 \uparrow$$

由于 Se 的催化效能高，一般 Se 用量不超过 $0.1 \sim 0.2$ g，如果用量过多则将引起氮的损失。

$$(NH_4)_2SO_4 + H_2SeO_3 \longrightarrow (NH_4)_2SeO_3 + H_2SO_4$$
$$3(NH_4)_2SeO_3 \longrightarrow 2NH_3 \uparrow + 3Se + 9H_2O + 2N_2 \uparrow$$

$CuSO_4$ 的催化作用如下：

$$4CuSO_4 + 3C + 2H_2SO_4 \longrightarrow 2Cu_2SO_4 + 4SO_2 \uparrow + 3CO_2 \uparrow + 2H_2O$$
$$Cu_2SO_4 + 2H_2SO_4 \longrightarrow 2CuSO_4 + 2H_2O + SO_2 \uparrow$$

（2）蒸馏和滴定的原理

消煮液中 $(NH_4)_2SO_4$ 加碱蒸馏，使氨逸出，并用硼酸吸收，然后用标准酸溶液滴定。

蒸馏过程的反应：

$$(NH_4)_2SO_4 + 2NaOH \longrightarrow Na_2SO_4 + 2NH_3 + 2H_2O$$
$$NH_3 + H_2O \longrightarrow NH_4OH$$
$$NH_4OH + H_3BO_3 \longrightarrow NH_4 \cdot H_2BO_3 + H_2O$$

滴定过程的反应：

$$2NH_4 \cdot H_2BO_3 + H_2SO_4 \longrightarrow (NH_4)_2SO_4 + 2H_3BO_3$$
$$或 NH_4 \cdot H_2BO_3 + HCl \longrightarrow NH_4Cl + H_3BO_3$$

与土壤中有机氮相比，硝态氮和亚硝态氮含量很少，所以一般凯氏定氮法测定土壤全氮时不考虑硝态氮和亚硝态氮。

2. 包括硝态氮和亚硝态氮的测定原理

当土壤中硝态氮含量不超过全氮量的 1% 时，可以忽略不计。在有些情况下，例如在采用稳定性氮同位素示踪方法研究肥料氮的去向时，凯氏定氮法测定土壤全氮必须包括硝态氮和亚硝态氮，此时需要将硝态氮还原为铵态氮。一般先用高锰酸钾将样品中的亚硝态氮氧化为硝态氮，再用还原铁粉使全部硝态氮还原为铵态氮，之后在催化剂参与下，用浓 H_2SO_4 消煮。

【实验器材与试剂】

1. 实验器材

电子天平（感量 0.000 1 g），通风橱，控温消煮炉以及配套消煮管，半微量定氮蒸馏装置（图 5-1）或半自动定氮仪，半微量滴定管（5 mL），锥形瓶，漏斗。

2. 实验试剂

（1）浓 H_2SO_4：$\rho = 1.84$ g·mL^{-1}，质量分数 98%，化学纯，无氮。

（2）10 mol·L^{-1} NaOH 溶液：称取 400 g NaOH（化学纯）溶于去离子水中，定容至 1 L，存放于塑料瓶中。

（3）定氮混合指示剂（甲基红 - 溴甲酚绿混合指示剂）：将 0.5 g 溴甲酚绿（$C_{21}H_{14}Br_4O_5S$，分析纯）和 0.1 g 甲基红（$C_{15}H_{15}O_2N_3$，分析纯）置于玛瑙研钵中，加少量 95% 乙醇研磨至指示剂全部溶解后，用 95% 乙醇定容至 100 mL。此液需用稀 HCl 或稀 NaOH 调节至 pH 约 4.5。

（4）20 g·L^{-1} 硼酸指示剂溶液：称取 20 g 硼酸（H_3BO_3，分析纯）加入热蒸馏水（60 ℃）溶解，冷却后稀释定容至 1 L。每升硼酸溶液中加入定氮混合指示剂 5 mL，并用稀酸（0.1 mol·L^{-1} HCl）或稀碱（0.1 mol·L^{-1} NaOH）调节至微紫红色。此时溶液的 pH 为 4.8。指示剂使用前与硼酸混合，该试剂宜现配，不宜久放。

（5）混合加速剂：硫酸钾∶五水硫酸铜∶硒粉 = 100∶10∶1，即 100 g K$_2$SO$_4$（化学纯）、10 g CuSO$_4$·5H$_2$O（化学纯）和 1 g Se 粉混合研磨，通过 0.177 mm 孔径筛（80 目）充分混匀（此操作过程中注意戴口罩），贮于具塞瓶中。消煮时，每毫升 H$_2$SO$_4$ 加 0.37 g 混合加速剂。

（6）0.01 mol·L^{-1} HCl 标准溶液：先配制 0.1 mol·L^{-1} HCl 溶液，即取 8.3 mL 浓 HCl（HCl，$\rho = 1.19$ g·mL^{-1}），用蒸馏水定容至 1 L，然后将此溶液稀释 10 倍，用无水碳酸钠标定，标定方法参考附录 5.2。

（7）50 g·L^{-1} 高锰酸钾溶液：称取 25 g 高锰酸钾（分析纯）溶于 500 mL 去离子水，贮于棕色瓶中。

（8）1∶1 H$_2$SO$_4$（化学纯，无氮，$\rho = 1.84$ g·mL^{-1}）：浓 H$_2$SO$_4$ 与水等体积混合。

（9）还原铁粉：磨细通过孔径 0.149 mm 孔径的筛子（100 目）。

（10）辛醇（分析纯）。

【实验操作与步骤】

1. 土样消煮

（1）不包括硝态氮和亚硝态氮的消煮：称取过 0.149 mm 筛的风干土样 1.000 0 g（含氮约 1 mg），送入干燥的消煮管底部，加少量去离子水（0.5 ~ 1 mL）湿润土样后，加入 2 g 混合加速剂和 5 mL 浓 H$_2$SO$_4$ 摇匀，将消煮管置于控温消煮炉上，消煮管上放置一个小漏斗，先用低温 200℃加热（温度升到 200℃时计时），20 min 后，升温至 360～400℃，使消煮的土液保持微沸。消煮的温度以硫酸蒸汽在瓶颈上部 1/3 处冷凝回流为宜，否则表示温度过高或者过低。待消煮液全部变成灰白带淡绿色后，再继续消煮 0.5～1 h。消煮完毕，冷却，待蒸馏。在消煮土样的同时，做空白试验（除不加土样外，其他步骤皆与测定土样相同）。

（2）包括硝态和亚硝态氮的消煮：将称好的土样［同（1）］送入干燥的消煮管底部，加 50 g·L^{-1}高锰酸钾溶液 1 mL，摇动消煮管，缓缓加入 1∶1 H$_2$SO$_4$ 2 mL，不断转动消煮管，然后放置 5 min，再加入 1 滴辛醇。通过长颈漏斗将 0.5 g（±0.01 g）还原铁粉送入消煮管底部，瓶口盖上小漏斗，转动消煮管，使铁粉与酸接触，待剧烈反应停止时（约 5 min），将消煮管置于控温消煮炉上缓缓加热 45 min（瓶内土液应保持微沸，以不引起大量水分丢失为宜），停止加热。待消煮管冷却后，通过长颈漏斗加 2 g 混合加速剂和浓硫酸 5 mL，摇匀。按上述（1）的步骤，消煮至土液全部变为黄绿色，再继续消煮 1 h。消煮完毕，冷却，待蒸馏。在消煮土样的同时，做两份空白测定。

2. 氨的蒸馏与滴定

（1）蒸馏前先检查蒸馏装置是否漏气，并通过水的馏出液将管道洗净。

（2）消煮液冷却后，用去离子水少量多次地将消煮液全部洗入蒸馏器反应室内，用水总量不超过 30～35 mL。若使用半自动定氮仪，不需要转移，可直接将消煮管放入定氮仪中蒸馏。于 150 mL 锥形瓶中，加入 20 g·L^{-1}硼酸指示剂溶液 5 mL，放在冷凝管末端，管口置于硼酸液面以上 2～3 cm 处。然后向反应室内缓缓加入 10 mol·L^{-1} NaOH 溶液 20 mL，通入蒸汽蒸馏，待馏出液体积为 40～50 mL 时，即蒸馏完毕，用少量蒸馏水冲洗冷凝管末端，取下三角瓶。

（3）用半微量滴定管，以 0.01 mol·L^{-1} HCl 标准溶液滴定馏出液，当馏出液颜色由蓝绿色刚变为紫红色时，记录所用酸标准溶液的体积（mL）。空白测定所用酸标准溶液的体积一般不得超过 0.4 mL。

【结果计算】

$$土壤全氮量（g·kg^{-1}）=\frac{(V-V_0)\times c\times 14.0\times 10^{-3}}{m}\times 1\,000$$

式中：V 为滴定样品时所用酸标准溶液的体积（mL）；V_0 为滴定空白时所用酸标准溶液的体积（mL）；c 为 0.01 mol·L^{-1} HCl 标准溶液的浓度；14 为氮原子的摩尔质量（g·mol^{-1}）；m 为风烘干土样质量（g）；10^{-3} 为标准酸体积 mL 换算成 L 的系数；1 000 为换算成每 kg 土含量的系数。

根据全国第二次土壤普查，土壤全氮含量的分级标准见表 6-1。

表 6-1　土壤全氮含量分级指标

土壤养分级别	很高（一级）	高（二级）	中上（三级）	中下（四级）	低（五级）	很低（六级）
全氮含量 /（g·kg^{-1}）	>2	1.5～2	1～1.5	0.75～1	0.5～0.75	<0.5

【注意事项】

1. 一般应使样品中含氮量为 1.0 ~ 2.0 mg，如果土壤含氮量在 2.0 g·kg⁻¹ 以下，应称土样 1.000 0 g；含氮量在 2.0 ~ 4.0 g·kg⁻¹ 者，应称土样 0.500 0 ~ 1.000 0 g；含氮量在 4.0 g·kg⁻¹ 以上，应称土样 0.500 0 g。

2. 消煮的温度应控制在 360 ~ 410℃，若超过 410℃，会引起 $(NH_4)_2SO_4$ 的热分解而导致氮素的损失。

3. 硒是一种有毒元素，在消化过程中释放出 H_2Se。H_2Se 的毒性较 H_2S 更大，易引起人中毒。所以，实验室要有良好的通风设备，方可使用这种催化剂。

4. 应该注意，当消煮液刚刚变成灰白带淡绿色时，并不表示所有的氮均已转化为铵（有机杂环态氮还未完全转化为铵态氮），此时，消煮液仍需消煮一段时间，这个过程称为"后煮"。

5. 硼酸的浓度和用量以能满足吸收 NH_3 为宜，大致可按每毫升 10 g·L⁻¹ H_3BO_3 溶液能吸收氮量为 0.46 mg 计算。例如，20 g·L⁻¹ H_3BO_3 溶液 5 mL 最多可吸收的氮量为 $5 × 2 × 0.46 = 4.6$（mg）。因此，可根据消煮液中含氮量估计硼酸的用量，适当多加。

6. 在半微量蒸馏中，冷凝管口不必插入硼酸溶液中，这样可防止倒吸，减少洗涤手续。但在常量蒸馏中，由于含氮量较高，冷凝管须插入硼酸溶液中，以免损失。

【思考题】

1. 为什么说消煮过程包括氧化和还原两个过程？混合加速剂的主要作用是什么？

2. 设土壤样品 2.0 g、含氮量为 1.2 g·kg⁻¹，计算 5 mL 20 g·L⁻¹ 硼酸指示剂溶液是否足够？

17-2　元素分析仪法

【实验目的】

了解元素分析仪测定土壤全氮的原理和方法。

【实验原理】

元素分析仪，是指同时或单独实现样品中几种元素分析的仪器。各类元素分析仪虽结构和性能不同，但均基于色谱原理设计。待测样品在高温条件下，经氧气的氧化与复合催化剂的共同作用，使待测样品发生氧化燃烧与还原反应，被测样品组份转化为气态物质（CO_2、H_2O、N_2 与 SO_2），并在载气的推动下，进入分离检测单元。分离单元采用色谱法原理，利用气相色谱柱，将被测样品的混合组份 CO_2、H_2O、N_2 与 SO_2 载入色谱柱中。由于这些组份在色谱柱中流出的时间不同（即不同的保留时间），从而使混合组份按照 N、C、H、S 的顺序被分离，分离出的单组份气体通过热导检测器分析测量，不同组份的气体在热导检测器中的导热系数不同，从而使仪器针对不同组份产生出不同的读取数值，并通过与标准样品比对分析达到定量分析的目的。样品测定主要通过四个步骤实现：①样品的进样系统（进样盘、球阀）；②燃烧和反应部分（加热炉、燃烧管、还原管和坩埚）；③混合气体的分离与检测；④数据采集与分析。

【实验器材】

元素分析仪（Elementar Vario EL cube CHNS）（图 6-1），电子天平（感量 0.000 01 g），球磨仪。

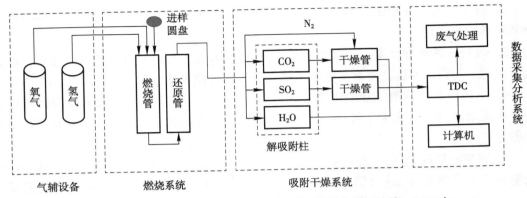

图 6-1 元素分析仪 CNHS 模式结构简图（引自张万迪等，2020）

【实验操作与步骤】

1. 土壤样品预处理

将土壤样品用球磨仪磨至通过 0.149 mm 的孔筛，称取 25 mg 左右土壤样品，并用锡纸包住，准备上机进行测定。

2. 仪器操作流程

（1）开机

开机前打开操作程序菜单，检查 Options → Maintenance 中提示的各更换件（主要是还原管、干燥管和灰分管）测试次数的剩余是否还能满足测试要求。如需检漏，请在未开主机前在操作程序 Options→Settings→Parameter 中，将 3 根反应管的温度都设为 0，退出操作程序，再按照以下步骤开机。

① 开启计算机，进入 windows 状态。

② 拔掉主机尾气的堵头。

③ 将主机的进样盘移开后，开启主机电源。

④ 待圆盘底座自检转动完毕（即自转至零位）后，将进样盘样品孔位手动调到零位后放回原处。

⑤ 启动 vario EL cube 操作软件。

⑥ 打开氧气，将 O_2 气减压阀的输出压力调至 0.22 Mpa，打开氦气，通过调节氦气瓶减压阀（0.12 ~ 0.13 Mpa），确认操作程序状态栏中的 "press" 显示为 1 200 ~ 1 250 mbar。

（2）检漏（建议在低温下进行）

① 点击 "options→diagnostics→rough leak test"，点击 "start" 执行整个管路系统的检漏，测试后会文字提示有没有通过检漏测试。

② 如果整个管路系统的检漏测试没有通过，可执行分段检漏测试，即"options→diagnostics→fine leak test"按图中提示的颜色执行：无色代表整个管路的检漏测试 / 或者没有被检测的管路段；蓝色代表执行检漏测试的管路段；绿色代表已经检测过的管路段。

（3）炉温设定

进入操作程序"options→setting→parameters"，输入和（或）确认加热炉设定温度，其中：comb.Tube（右），1 150℃；reduct.Tube（左），850℃。

（4）样品测定

① 测试空白值，在"name"中选择"bank"，在"weight"一栏输入假设样品质量，在"method"栏选择"blank without O$_2$"。测试次数根据各元素的积分面积达到小而稳定（N < 100，C < 100，S < 100，H < 1 000，O < 500）。

② 做 3 ~ 4 个条件化测试，样品名选择"runin"，使用标样，约 3 mg，通氧方法选择 5 mg、90 s。

③ 做 3 ~ 4 个标样 sulfanilamide 磺胺嘧啶测试，样品名选择"sulf"，精确称量约 3 mg，通氧方法选择 5 mg、90 s。

④ 以下可进行每次 20 ~ 30 个样品测试。

（5）关机

① 样品自动分析结束后，如设定睡眠功能，则仪器自动降温，或在"sleep/wake up"功能对话框中手动启动"sleep now"，待 2 个加热炉都降温至 100℃以下。

② 关闭氦气和氧气。

③ 退出操作软件，关闭主机电源，开启主机加热炉的门，让其散去余热。

④ 将主机后面的尾气出口堵住，关闭计算机、打印机和天平等外围设备。

【结果计算】

土壤全氮数据结果为自动输出，将输出的数据保存在所需的位置或文档中，以便之后进行数据分析。

【思考题】

1. 为什么要先进行标样的分析测试？

2. 元素分析仪是通过什么原理进行测试的？

实验 18 土壤铵态氮含量的测定

铵态氮与硝态氮是土壤中主要的无机氮，两者虽然仅占土壤全氮含量的 1% ~ 5%，但它们是植物根系吸收土壤氮素的主要形态。土壤中的铵态氮可被土壤胶体吸附，呈交换性铵态氮，也可溶解在土壤溶液中，被植物直接吸收利用。土壤铵态氮的浸提一般多采用氯化钾溶液提取，提取液中的铵态氮可以用蒸馏法或者比色法测定。比色法有多种，其中靛酚蓝比色法的灵敏度和准确度均比较高，也适于大批量样品的自动化分析。这里主要介绍靛酚蓝比色法与蒸馏法。

<h1 style="text-align:center">18–1　靛酚蓝比色法</h1>

【实验目的】

学习靛酚蓝比色法测定土壤铵态氮的原理和方法。

【实验原理】

用 2 mol·L^{-1} KCl 溶液浸提土壤，把吸附在土壤胶体上的 NH$_4^+$ 及水溶性 NH$_4^+$ 浸提出来。土壤浸提液中的铵态氮在强碱性介质中与次氯酸盐和苯酚作用，生成水溶性染料靛酚蓝，溶液的颜色很稳定，在含氮量 0.05 ~ 0.5 mol·L^{-1} 的范围内，吸光度与铵态氮含量成正比，可用比色法测定。

反应体系的 pH 应为 10.5 ~ 11.7。硝普钠又称硝基铁氰化钠，化学式是 Na$_2$[Fe(CN)$_5$NO]·2H$_2$O，是此反应的催化剂，能加速显色，增强其稳定性。待测液中如有干扰的金属离子，可用 EDTA 等螯合剂掩蔽。

【实验器材与试剂】

1. 实验器材

电子天平（感量 0.000 1 g），往复式振荡机，紫外分光光度计或配有酶标板的酶标仪，三角瓶，滤纸，容量瓶。

2. 实验试剂

（1）2 mol·L^{-1} KCl 溶液：称取 149.1 g KCl（化学纯）溶于水中，稀释至 1 L。

（2）酚溶液：称取 10 g 苯酚（C$_6$H$_5$OH，化学纯）和 100 mg 硝基铁氰化钠（化学纯）溶于水中，稀释至 1 L。此试剂不稳定，须贮于棕色瓶中，在 4℃冰箱中保存。

（3）次氯酸钠碱性溶液：称取 10 g NaOH（化学纯）、7.06 g 磷酸氢二钠（Na$_2$HPO$_4$·7H$_2$O，化学纯）、31.8 g 磷酸钠（Na$_3$PO$_4$·12H$_2$O，化学纯），吸取 10 mL NaClO（化学纯，即含 5% 有效氯的漂白粉溶液）溶于水中，稀释至 1 L，贮于棕色瓶中，在 4℃冰箱中保存。

（4）掩蔽剂：将 400 g·L^{-1} 酒石酸钾钠溶液（KNaC$_4$H$_4$O$_6$·4H$_2$O，化学纯）与 100 g·L^{-1} EDTA 二钠盐溶液等体积混合。每 100 mL 混合液中加入 10 mol·L^{-1} NaOH 溶液 0.5 mL。

（5）10 mol·L^{-1} NaOH 溶液：称取 400 g NaOH（化学纯）溶于去离子水中，定容至 1 L，存放于塑料瓶中。

（6）5 mg·L^{-1} NH$_4^+$–N 标准溶液：称取 0.471 7 g 硫酸铵［(NH$_4$)$_2$SO$_4$，分析纯，105℃烘干 1 h］溶于水中，洗入 1 L 容量瓶中定容，制备成 100 mg·L^{-1} NH$_4^+$–N 的贮备溶液。使用前将此溶液加水稀释 20 倍，即配制成 5 mg·L^{-1} NH$_4^+$–N 标准溶液。

【实验操作与步骤】

1. 浸提

称取相当于 20.00 g 烘干土的新鲜土样（准确到 0.01 g），置于 200 mL 三角瓶中，加入 100 mL 2 mol·L^{-1} KCl 溶液，塞紧瓶塞，在振荡机上于 20 ~ 25℃振荡 1 h（振荡频率为 180 ± 20 r·min^{-1}）。用滤纸过滤于三角瓶中，如不能在 24 h 内进行分析，将滤液储存在 4℃冰箱中备用。同时做不加土壤的空白试验。

2. 比色

吸取土壤浸出液 2 ～ 10 mL（含 NH$_4^+$–N 2 ～ 25 μg）放入 50 mL 容量瓶中，用 2 mol·L^{-1} KCl 溶液补充至 10 mL，然后加入酚溶液 5 mL 和次氯酸钠碱性溶液 5 mL，摇匀。在 20℃左右的室温下放置 1 h 后，加掩蔽剂 1 mL 以溶解可能产生的沉淀物，然后用水定容至刻度。用 1 cm 比色槽在 625 nm 波长处（或红色滤光片）进行比色或用酶标仪比色，读取吸光度值。

3. 标准曲线

分别吸取 5 mg·L^{-1} NH$_4^+$–N 标准溶液 0、0.5 mL、1.0 mL、2.0 mL、3.0 mL、4.0 mL、5.0 mL 放入 50 mL 容量瓶中，各加 2 mol·L^{-1} KCl 溶液 10 mL，同步骤（2）进行比色测定然后绘制标准曲线。各瓶标准溶液的浓度相应为 0、0.05 mg·L^{-1}、0.1 mg·L^{-1}、0.2 mg·L^{-1}、0.3 mg·L^{-1}、0.4 mg·L^{-1}、0.5 mg·L^{-1} NH$_4^+$–N。

【结果计算】

$$土壤铵态氮含量（mg·kg^{-1}）= \frac{\rho \times V \times t_s \times 10^{-3}}{m} \times 1\,000$$

式中：ρ 为显色液铵态氮的质量浓度（mg·L^{-1}）；V 为显色液的体积（mL）；t_s 为分取倍数；m 为烘干土样的质量（g）；10^{-3} 为将 mL 换算成 L 的系数；1 000 为换算成每 kg 土含量的系数。

【注意事项】

显色后在 20℃左右放置 1 h，再加入掩蔽剂。过早加入会使显色反应很慢，蓝色偏弱；过迟加入，则生成的氢氧化物沉淀可能老化而不易溶解。

【思考题】

靛酚蓝比色法测定土壤铵态氮有哪些优缺点？

18–2　蒸　馏　法

【实验目的】

掌握蒸馏法测定土壤铵态氮的原理与方法。

【实验原理】

用 2 mol·L^{-1} KCl 溶液浸提土壤，把吸附在土壤胶体上的 NH$_4^+$ 及水溶性 NH$_4^+$ 浸提出来。取一份浸出液在半微量定氮蒸馏器中加 MgO（MgO 有防止浸出液中酰胺有机氮水解的可能）蒸馏。蒸出的氨以 H$_3$BO$_3$ 吸收，用标准酸溶液滴定，计算土壤 NH$_4^+$–N 的含量。

【实验器材与试剂】

1. 实验器材

振荡机，半微量定氮蒸馏装置，半微量滴定管（5 mL），三角瓶。

2. 实验试剂

（1）2 mol·L^{-1} KCl 溶液：同实验 18–1。

（2）定氮混合指示剂（甲基红 – 溴甲酚绿混合指示剂）：同实验 15–1。

（3）20 g·L⁻¹ 硼酸指示剂溶液：同实验 17–1。

（4）0.01 mol·L⁻¹ HCl 标准溶液：同实验 17–1。

（5）120 g·L⁻¹ MgO 悬浊液：称取 12 g MgO，经 500～600℃灼烧 2 h，冷却，放入 100 mL 水中摇匀。

【实验操作与步骤】

1. 浸提：称取新鲜土样 10.0 g，放入 100 mL 三角瓶中，加入 2 mol·L⁻¹ KCl 溶液 50.0 mL。用橡皮塞塞紧，在振荡机上于 20～25℃振荡 1 h（振荡频率为 180±20 r·min⁻¹），立即过滤至 50 mL 三角瓶中（如果土壤 NH_4^+-N 含量低，可将液土比改为 2.5 : 1）。同时做不加土壤的空白试验。

2. 蒸馏与滴定：吸取滤液 25.0 mL（含 NH_4^+-N 25 μg 以上）放入半微量定氮仪的蒸馏室中，用少量水冲洗，先把盛有 5 mL 20 g·L⁻¹ 硼酸指示剂溶液的三角瓶放在冷凝管下，然后再加 120 g·L⁻¹ MgO 悬浊液 10 mL 于蒸馏室中蒸馏，待馏出液体积达 40～50 mL 时，即蒸馏完毕。用少量水冲洗冷凝管末端，取下三角瓶。用 0.01 mol·L⁻¹ HCl 标准溶液滴定至紫红色为终点，同时做空白试验。

【结果计算】

$$\text{土壤中铵态氮含量}（mg·kg^{-1}）= \frac{(V - V_0) \times c \times 14.0 \times t_s}{m} \times 1\,000$$

式中：c 为 HCl 标准溶液浓度（mol·L⁻¹）；V 为滴定样品消耗的硫酸标准溶液的体积（mL）；V_0 为滴定空白消耗的 HCl 标准溶液体积（mL）；14.0 为氮的原子摩尔质量（g·mol⁻¹）；t_s 为分取倍数；m 为烘干土样的质量（g）；1 000 为换算系数（包括 mL 换算为 L；g 换算为 mg；换算为每 kg 土）。

【注意事项】

1. 此法适用于 NH_4^+-N 含量在 10 mg·kg⁻¹ 以上的土壤。

2. 土壤经风干或烘干会引起 NH_4^+-N 含量的变化，故一般采用新鲜土样测定。

【思考题】

用蒸馏法测定土壤铵态氮的基本原理是什么？

实验 19　土壤硝态氮含量的测定

硝态氮在土壤氮素循环中具有重要作用。相对于铵态氮，土壤对硝态氮的吸附能力很弱。因此，硝态氮在土壤中具有较强的移动性。在降水或灌溉情况下，易发生淋洗，迁移至地下水，造成地下水的氮素污染。在厌氧环境条件下，土壤中硝态氮还会发生反硝化作用，生成温室气体氧化亚氮。土壤中硝态氮含量随时间和作物不同发育阶段而有显著差异。因此，了解土壤中硝态氮含量不仅对土壤氮素供应状况具有指导作用，而且有助于提高对植物—土壤系统氮素循环的认识。土壤硝态氮的测定方法较多，这里主要介绍酚二磺酸比色法与还原蒸馏法。

19-1　酚二磺酸比色法

【实验目的】

掌握酚二磺酸比色法测定土壤硝态氮的原理与方法。

【实验原理】

土壤浸提液中的 NO_3^--N 在蒸干无水的条件下能与酚二磺酸溶液作用，生成硝基酚二磺酸：

$$C_6H_3OH(HSO_3)_2 + HNO_3 \longrightarrow C_6H_2OH(HSO_3)_2NO_2 + H_2O$$

　　2,4- 酚二磺酸　　　　　　　　　6- 硝基酚 -2,4- 二磺酸

此反应必须在无水条件下才能迅速完成，反应产物在酸性介质中呈无色，碱化后则为稳定的黄色溶液，黄色的深浅与 NO_3^--N 含量在一定范围内成正相关，可在 400 ~ 425 nm 处（或用蓝色滤光片）比色测定。酚二磺酸比色法的灵敏度很高，测定范围为 0.1 ~ 2 $mg \cdot L^{-1}$。

【实验器材与试剂】

1. 实验器材

电子天平（感量 0.01 g），振荡机，分光光度计或配有酶标板的酶标仪，水浴锅，瓷蒸发皿，三角瓶，滤纸，容量瓶。

2. 实验试剂

（1）$CaSO_4 \cdot 2H_2O$（分析纯，粉末状）。

（2）$CaCO_3$（分析纯，粉末状）。

（3）1∶1 $NH_3 \cdot H_2O$（25%）：氨水与蒸馏水等体积混合。

（4）活性炭（不含 NO_3^-）。

（5）酚二磺酸试剂：称取白色苯酚（C_6H_5OH，分析纯）25.0 g 置于 500 mL 三角瓶中，以 150 mL 浓 H_2SO_4 溶解，再加入 75 mL 发烟 H_2SO_4 并置于沸水浴中加热 2 h，可得酚二磺酸溶液，储于棕色瓶中保存。使用时须注意其强烈的腐蚀性。如无发烟 H_2SO_4，可用苯酚 25.0 g、加 225 mL 浓 H_2SO_4，置于沸水中加热 6 h 配成。试剂冷却后可能析出结晶，使用时须重新加热溶解，但不可加水，试剂必须贮于密闭的玻塞棕色瓶中，严防吸湿。

（6）10 $mg \cdot L^{-1}$ NO_3^--N 标准溶液：准确称取 KNO_3（分析纯）0.722 1 g 溶于水，定容至 1 L，此为 100 $mg \cdot L^{-1}$ NO_3^--N 溶液，将该溶液准确稀释 10 倍，即为 10 $mg \cdot L^{-1}$ NO_3^--N 标准溶液。

【实验操作与步骤】

1. 浸提

称取新鲜土样 50 g（精确到 0.01 g），放入 500 mL 三角瓶中，加入 0.05 g $CaSO_4 \cdot 2H_2O$ 和 250 mL 水，盖紧瓶塞后，在振荡机上于 20 ~ 25 ℃振荡 10 min（振荡频率为 180 ± 20 $r \cdot min^{-1}$）。放置 5 min 后，将上清液用干滤纸过滤，澄清的滤液收集在干燥洁净的三角瓶中。如果滤液因有机质而呈现颜色，可加活性炭去除。同时做不加土壤的空

白试验。

2. 测定

吸取滤液 25～50 mL（含 NO_3^-–N 20～150 μg）于瓷蒸发皿中，加 $CaCO_3$ 约 0.05 g，在水浴锅上蒸干，到达干燥时停止继续加热，冷却后迅速加入酚二磺酸试剂 2 mL，将皿旋转，使试剂接触到所有的蒸干物。静止 10 min 使其充分作用后，加水 20 mL，用玻璃棒搅拌直到蒸干物完全溶解。冷却后缓缓加入 1∶1 $NH_3·H_2O$ 并不断搅拌混匀，至溶液显黄色（呈微碱性），再加 2 mL $NH_3·H_2O$ 试剂。然后将溶液全部转入 100 mL 容量瓶中，加水定容。在分光光度计上用光径 1 cm 比色杯在波长 420 nm 处比色，以空白溶液作参比，调节分光光度计零点（或用酶标仪比色。）

3. NO_3^-–N 标准曲线绘制

分别吸取 10 mg·L^{-1} NO_3^-–N 标准溶液 0、1 mL、2 mL、5 mL、10 mL、15 mL、20 mL 于瓷蒸发皿中，其余步骤与待测液相同，进行显色和比色，绘制成标准曲线，求出回归方程。

【结果计算】

$$土壤硝态氮含量（mg·kg^{-1}）= \frac{\rho \times V \times t_s \times 10^{-3}}{m} \times 1\,000$$

式中：ρ 为从标准曲线上查得（或回归所求）的显色液 NO_3^-–N 质量浓度（mg·L^{-1}）；V 为显色液的体积（mL）；t_s 为分取倍数；m 为新鲜土样的质量（g）；10^{-3} 为将 mL 换算成 L 的系数；1 000 为换算成每 kg 土含量的系数。

【注意事项】

1. 土壤经风干或烘干易引起 NO_3^-–N 变化，故一般采用新鲜土样测定。

2. 用酚二磺酸法测定硝态氮，首先要求浸提液清彻，不能混浊，但是一般中性或碱性土壤滤液不易澄清，且带有机质的颜色，为此在浸提液中应加入凝聚剂。凝聚剂的种类很多，有 CaO、$Ca(OH)_2$、$CaCO_3$、$MgCO_3$、$KAl(SO_4)_2$、$CuSO_4$、$CaSO_4$ 等，其中 $CuSO_4$ 有防止生物转化的作用，但在过滤前必须以 $Ca(OH)_2$ 或 $MgCO_3$ 除去多余的铜，因此以 $CaSO_4$ 法提取较为适宜。

3. 如果土壤浸提液由于有机质而呈现较深颜色，则可用活性炭除去，但不宜用 H_2O_2，以防最后显色时反常。

4. 土壤中的亚硝酸根和氯离子是本法的主要干扰离子。亚硝酸和酚二磺酸产生同样的黄色化合物，但一般土壤中亚硝酸含量极少，可忽略不计。必要时可加少量尿素、硫脲和氨基磺酸（20 g·L^{-1} NH_2SO_3H）除去亚硝酸根。例如，亚硝酸根离子如果超出了 1 mg·L^{-1}，一般每 10 mL 待测液中加入 20 mg 尿素，并放置过夜，以破坏亚硝酸根离子。

检查亚硝酸根离子的方法：可取待测液 5 滴于瓷蒸发皿上，加入亚硝酸试粉 0.1 g，用玻璃棒搅拌后，放置 10 min，如有红色出现，即有 1 mg·L^{-1} 亚硝酸根存在。如果红色极浅或无色，则可省去破坏亚硝酸根手续。

Cl^- 对反应的干扰，主要是在加酸后生成亚硝酰氯化合物或其他氯的气体。

$$NO_3^- + 3Cl^- + 4H^+ \longrightarrow NOCl（亚硝酰氯）+ Cl_2\uparrow + 2H_2O$$

如果土壤中含氯化合物超过 15 mg·kg^{-1}，则必须加 Ag$_2$SO$_4$ 除去，方法是每 100 mL 浸出液中加入 Ag$_2$SO$_4$（0.1 g Ag$_2$SO$_4$ 可沉淀 22.72 mg Cl$^-$），摇动 15 min，然后加入 0.2 g Ca(OH)$_2$ 及 0.5 g MgCO$_3$，以沉淀过量的银，摇动 5 min 后过滤，继续按蒸干显色步骤进行。

5. 在蒸干过程中加入 CaCO$_3$ 是为了防止硝态氮的损失。因为在酸性和中性条件下蒸干易导致硝酸离子的分解，如果浸出液中含铵盐较多，更易产生负误差。

6. 此反应必须在无水条件下才能完成，因此反应前必须蒸干。

7. 碱化时应使用氨水，而不用 NaOH 或 KOH，因为 NH$_3$ 能与 Ag 络合成水溶性的 [Ag(NH$_3$)$_2$]$^+$，不致于生成 Ag$_2$O 的黑色沉淀而影响比色。

【思考题】

酚二磺酸比色法测定土壤硝态氮应注意哪些问题？

19-2　还原蒸馏法

【实验目的】

掌握还原蒸馏法测定土壤硝态氮的原理与方法。

【实验原理】

土壤浸提液中含有铵态氮（包括交换性铵与水溶性铵）、硝态氮和亚硝态氮。可先按测定氨态氮的方法蒸馏出氨态氮后，用氨基磺酸对浸提液中的亚硝态氮进行脱氮反应，再加氧化镁和代氏合金粉，将硝态氮还原为铵态氮后蒸馏，测定硝态氮。

【实验器材与试剂】

1. 实验器材

电子天平（感量 0.000 1 g），往复式振荡机，半微量定氮蒸馏装置，三角瓶等。

2. 实验试剂

（1）2 mol·L^{-1} KCl 溶液：同实验 18-1。

（2）120 g·L^{-1} MgO 悬浊液：同实验 18-2。

（3）20 g·L^{-1} 氨基磺酸（NH$_2$SO$_3$H）溶液：溶解 2 g 氨基磺酸于 100 mL 蒸馏水中，将此溶液放在 4℃冰箱保存。

（4）代氏合金粉（含 50% Al、45% Cu 和 5% Zn）：通过 100 目筛，其中最少 75% 必须通过 300 目筛。贮存于瓶中。

（5）定氮混合指示剂：同实验 15-1。

（6）20 g·L^{-1} 硼酸指示剂溶液：同实验 17-1。

（7）0.01 mol·L^{-1} HCl 标准溶液：同实验 17-1。

【实验操作与步骤】

1. 浸提

取新鲜土样 10.0 g，放入 100 mL 三角瓶中，加入 2 mol·L^{-1} KCl 溶液 50.0 mL。用橡皮塞塞紧，在振荡机上于 20～25℃振荡 1 h（振荡频率为 180±20 r·min^{-1}），立即过

滤于 50 mL 三角瓶中。同时做不加土壤的空白试验。

2. 铵态氮的蒸出

吸取 25.0 mL 滤液（含 NH_4^+-N 25 μg 以上），放入半微量定氮蒸馏器中，用少量水冲洗。先把盛有 5 mL 20 g·L^{-1} 硼酸指示剂溶液的三角瓶放在冷凝管下，然后再加 120 g·L^{-1} MgO 悬浊液 10 mL 于蒸馏室中蒸馏，待馏出液达 40~50 mL 时停止蒸馏，用少量水冲洗冷凝管末端，取下三角瓶，此时馏出液为铵态氮。

3. 硝态氮的测定

经前述测定铵态氮蒸馏完毕后，在蒸馏瓶中先加入 1 mL 的 20 g·L^{-1} 氨基磺酸溶液处理该样品，并旋动蒸馏瓶数秒钟，破坏 NO_2^-。处理好的样品加入 10 mL 120 g·L^{-1} MgO 悬浊液后，立即加入 0.2 g 的代氏合金粉，继续蒸馏。待蒸出液达 30~40 mL 时停止蒸馏，用少量水冲洗冷凝管，取下三角瓶，用 0.01 mol·L^{-1} HCl 标准溶液滴定，测出馏出液中铵态氮含量，即为土壤中硝态氮含量。

【结果计算】

$$土壤硝态氮含量（mg·kg^{-1}）= \frac{(V - V_0) \times c \times 14.0 \times t_s}{m} \times 1\,000$$

式中：c 为 HCl 标准溶液浓度（mol·L^{-1}）；V 为滴定样品消耗的 HCl 标准溶液的体积（mL）；V_0 为滴定空白消耗的 HCl 标准溶液的体积（mL）；14.0 为氮的摩尔质量（g·mol^{-1}）；t_s 为分取倍数；m 为烘干土样的质量（g）；1 000 为换算系数（包括 mL 换算为 L；g 换算为 mg；换算为每 kg 土）。

【注意事项】

1. 还原硝态氮与亚硝态氮所使用的代氏合金粉需用细粉。因为其越细，活性越大，而合金粉用量及发生还原作用所需时间都可显著减少。

2. 氨基磺酸仅含有微量 NH_4^+，不必进一步纯化。虽然氨基磺酸溶液并不完全稳定，可缓慢生成硫酸氢铵，但在本实验条件下，20 g·L^{-1} 氨基磺酸溶液用于破坏 NO_2^-，其释出 NH_4^+ 并不会达到可测定量。

3. 使用的 MgO 必须先经高温灼烧，以除去 $MgCO_3$，而将其贮存于密闭瓶中，则可隔绝其与大气 CO_2 接触。含有碳酸的 MgO，在蒸馏中能导致 CO_2 游离而干扰滴定。

【思考题】

1. 还原蒸馏法中代氏合金粉的作用是什么？

2. 还原蒸馏法测定土壤硝态氮应注意什么问题？

实验 20　土壤全磷含量的测定

土壤全磷量是指土壤中各种形态磷素的总和，包括有机磷和无机磷两大类。土壤有机磷含量的变化幅度很大，可占表土全磷量的 20%~80%。在大多数土壤中，无机磷占主导地位，占土壤全磷量的 50%~90%。土壤无机磷化合物全部为正磷酸盐，除了少量为水溶态外，绝大部分以吸附态和固体矿物态存在于土壤中。我国土壤全磷含量为

$0.5 \sim 2.5\ g \cdot kg^{-1}$。测定土壤全磷可以了解土壤中磷的贮备量，为指导磷肥合理施用提供参考依据。

土壤全磷测定要求把无机磷全部溶解，同时把有机磷氧化成无机磷。因此，全磷的测定分为两步：一是样品的分解，二是溶液中磷的测定。土壤样品的分解有碱熔和酸溶法两类。在碱熔法中以 Na_2CO_3 熔融分解最完全，准确度比较高，但需要用铂金坩埚，成本较高，不适于大量样本的测定，所以一般用 NaOH 熔融法测定，这种方法可用银坩埚代替铂金坩埚，适于一般实验室采用，且分解比较完全，适用于各类土壤全磷含量的测定。酸溶法中以 $HClO_4$–H_2SO_4 消煮法应用最为普遍，该法对钙质土壤分解率较高，但对酸性土壤分解率较低，为 95% 左右。此外，待测液中磷含量的测定一般采用钼蓝比色法，这里仅介绍钼锑抗比色法。

20–1　NaOH 熔融 – 钼锑抗比色法

【实验目的】

学习并掌握 NaOH 熔融 – 钼锑抗比色法测定土壤全磷的原理与方法。

【实验原理】

土壤样品与 NaOH 共同熔融，使土壤中含磷矿物及有机磷化合物全部转化为可溶性的正磷酸盐，用水和稀硫酸溶解，在一定条件下，样品溶液与钼锑抗显色剂反应生成磷钼蓝，用比色法定量测定。

【实验器材与试剂】

1. 实验器材

电子天平（感量 0.000 1 g），镍（或银）坩埚（容量 ≥30 mL），马弗炉或高温电炉（温度可调，0 ~ 1 000 ℃），分光光度计或紫外可见分光光度计或配有酶标板的酶标仪，玛瑙研钵，无磷定量滤纸。

2. 实验试剂

（1）NaOH（分析纯），无水乙醇。

（2）1∶3 H_2SO_4 溶液：1 体积浓 H_2SO_4（$\rho = 1.84\ g \cdot mL^{-1}$，分析纯）缓缓注入 3 倍体积水中混合。

（3）1∶1 HCl 溶液：浓 HCl（$\rho = 1.19\ g \cdot mL^{-1}$，分析纯）与水等体积混合。

（4）0.2 mol · L^{-1} H_2SO_4 溶液：吸取浓 H_2SO_4 0.6 mL，缓缓加入 80 mL 水中，边加搅动，冷却后加水定容至 100 mL。

（5）4 mol · L^{-1} NaOH 溶液：称取 16 g NaOH（化学纯）溶解于 100 mL 水中。

（6）2 mol · L^{-1} H_2SO_4 溶液：吸取浓 H_2SO_4 6 mL，缓缓加入 80 mL 水中，边加边搅动，冷却后加水至 100 mL。

（7）5 g · L^{-1} 酒石酸氧锑钾溶液：称取 0.5 g 酒石酸氧锑钾（$KSbOC_4H_4O_6 \cdot \frac{1}{2}H_2O$，分析纯）溶于 100 mL 水中。

（8）钼锑贮备溶液：吸取 153 mL 浓 H_2SO_4（分析纯）缓慢倒入 400 mL 蒸馏水中，同时搅拌，放置待冷却。另称 10 g 钼酸铵 [$(NH_4)_2MoO_4$，分析纯] 溶于约 60 ℃的

300 mL 蒸馏水中，冷却后将配好的 H_2SO_4 溶液缓缓倒入钼酸铵溶液中，同时搅拌。随后加入 $5 g \cdot L^{-1}$ 酒石酸氧锑钾溶液 100 mL，冷却后用蒸馏水稀释至 1 L。摇匀，避光贮存。

（9）钼锑抗显色剂：称取 1.50 g 抗坏血酸（$C_6H_8O_6$，左旋，旋光度 +21°~+22°，分析纯）加入 100 mL 钼锑贮备溶液中。此液须现配，有效期 1 d。

（10）二硝基酚指示剂：称取 2,6（或 2,4）– 二硝基酚 $[C_6H_3OH(NO_2)_2]$ 0.2 g，溶于 100 mL 水中。

（11）100 $mg \cdot L^{-1}$ 磷标准贮备溶液：准确称取 0.439 0 g 磷酸二氢钾（KH_2PO_4，分析纯，105℃烘 2 h）溶于 200 mL 蒸馏水中，加入 5 mL 浓 H_2SO_4（防长霉菌，可使溶液长期保存），转入 1 L 容量瓶中定容。此溶液放入冰箱内可长期保存。

（12）5 $mg \cdot L^{-1}$ 磷标准溶液：准确吸取 5 mL 磷标准贮备溶液，加蒸馏水定容至 100 mL 容量瓶中。此溶液需现用现配。

【实验操作与步骤】

1. 待测液的制备

称取通过 0.149 mm 径筛（100 目）的风干土样约 0.25 g（精确到 0.000 1 g）于镍坩埚底部，加 3~4 滴无水乙醇湿润样品，然后加 2.0 g 固体 NaOH，平铺于土样的表面，暂放在大干燥器中以防吸潮。同时做不加土壤的空白试验。

将坩埚加盖留一小缝放在高温电炉内，先以低温加热，然后逐渐升高温度至 450℃ 后关闭电源，15 min 后继续升温至 720℃，保持此温度 15 min（这样不连续的升温可以避免坩埚内的 NaOH 和样品溢出），熔融完毕。关闭高温电炉，待温度下降至 400℃ 以下，用坩埚钳取出坩埚，揭盖冷却，熔块冷却后应凝结成淡蓝色或蓝绿色，如熔块呈棕黑色则表示还没有熔好，必须再熔一次。

将坩埚冷却后，加入 10 mL 水，在电炉上加热至 80℃ 左右，待熔块溶解后，再煮 5 min，转入 50 mL 容量瓶中，然后用少量 0.2 $mol \cdot L^{-1}$ H_2SO_4 溶液清洗坩埚数次，一起倒入容量瓶内，使总体积至约 40 mL，再加 1∶1 HCl 溶液 5 滴（沉淀阴离子）和 1∶3 H_2SO_4 溶液 5 mL（中和多余的 NaOH），用水定容，过滤（此待测液可同时测定磷和钾的含量）。

2. 样品溶液中磷含量的测定

（1）显色：准确吸取待测样品溶液 2~10 mL（含磷 0.04~1.0 μg）于 50 mL 容量瓶中，用约 30 mL 水冲洗，加 2,6（或 2,4）– 二硝基酚指示剂 2~3 滴，用 4 $mol \cdot L^{-1}$ NaOH 和 2 $mol \cdot L^{-1}$ H_2SO_4 溶液调节样品溶液至刚呈微黄色，准确加入 5 mL 钼锑抗显色剂，摇匀，加水定容，室温 15℃ 以上放置 30 min 后，用波长 700 nm 或 880 nm 进行比色。

（2）比色（或用酶标仪比色）：显色样品进行比色，以空白试验为参比液调节仪器零点（波长 700 nm 或 880 nm），读取待测液吸光度值，从标准曲线上查得相应的含磷量。

3. 标准曲线的绘制

分别准确吸取 5 mg·L^{-1} 磷标准溶液 0、2 mL、4 mL、6 mL、8 mL、10 mL 于 50 mL 容量瓶中，同时加入与显色测定所用的样品溶液等体积的空白溶液，然后用水稀释至总体积约 30 mL，加入 2,6（或 2,4）– 二硝基酚指示剂 2~3 滴，并用 4 mol·L^{-1} NaOH 和 2 mol·L^{-1} H$_2$SO$_4$ 溶液调节溶液至刚呈微黄色，准确加入钼锑抗显色剂 5 mL，摇匀，加水定容，即得含磷量分别为 0、0.2 mg·L^{-1}、0.4 mg·L^{-1}、0.6 mg·L^{-1}、0.8 mg·L^{-1}、1.0 mg·L^{-1} 的系列标准溶液。摇匀，于 15℃ 以上温度放置 30 min 后比色，以吸光度值为纵坐标，磷含量（mg·L^{-1}）为横坐标，绘制标准曲线。

【结果计算】

$$土壤全磷含量（g·kg^{-1}）= \frac{\rho \times V \times t_s \times 10^{-6}}{m} \times 1\,000$$

式中：ρ 为从标准曲线上查得（或回归所求）的待测液中磷含量（mg·L^{-1}）；V 为样品待测液（熔融后）的定容体积（mL）；t_s 为分取倍数，即显色时定容体积与吸取的待测液体积之比；m 为烘干土样的质量（g）；10^{-6} 为将 mg 换算成 g 以及将 mL 换算成 L 的系数；1 000 为换算成每 kg 土壤含磷量的系数。

根据全国第二次土壤普查，土壤全磷含量的分级标准见表 6-2。

表 6-2　土壤全磷含量分级指标

土壤养分级别	很高 （一级）	高 （二级）	中上 （三级）	中下 （四级）	低 （五级）	很低 （六级）
全磷含量 /（g·kg^{-1}）	>2	1.5~2	1~1.5	0.7~1	0.4~0.7	<0.4

【注意事项】

1. 土壤和 NaOH 的比例为 1:8，当土样用量增加时，NaOH 用量也需相应增加。若待测液中锰的含量较高，最好用 Na$_2$CO$_3$ 溶液来调节 pH，以免产生氢氧化锰沉淀，以后酸化时也难以溶解。

2. 如在熔块还未完全冷却时加水，可不必再在电炉上加热至 80℃，放置过夜可自溶解。

3. 加入 H$_2$SO$_4$ 溶液的体积视固体 NaOH 用量多少而定，目的是中和多余的 NaOH，使溶液呈酸性（浓度约 0.15 mol·L^{-1} H$_2$SO$_4$），而硅得以沉淀下来。

4. 新的坩埚及埚盖可以用 FeCl$_3$ 和蓝黑墨水（也含 FeCl$_3$·6H$_2$O）的混合液编写号码，灼烧后即遗有不易脱落的红色 Fe$_2$O$_3$ 痕迹的号码。

5. 最后显色溶液中磷含量在 20~30 μg 为最好，主要通过控制称取土样的质量或最后显色时吸取待测液体积的方式控制磷含量。

6. 钼锑抗法要求显色液的酸度为 0.55 mol·L^{-1} ½H$_2$SO$_4$。如果酸度小于 0.45 mol·L^{-1}，虽然显色加快，但稳定时间较短；如果酸度大于 0.65 mol·L^{-1}，则显色变慢。因此，待测液中原有酸度如不确定，必须先行中和除去。

7. 钼锑抗比色法要求显色温度为 15～60℃，如果室温低于 15℃，可放置在 30～40℃的水浴或烘箱中保温 30 min，取出冷却后比色。

8. 本法比色时用 880 nm 波长比 700 nm 更灵敏。

【思考题】

NaOH 熔融－钼锑抗比色法测定土壤全磷应注意哪些问题？

20-2　$HClO_4$-H_2SO_4 消煮－钼锑抗比色法

【实验目的】

学习并掌握 $HClO_4$-H_2SO_4 消煮－钼锑抗比色法测定土壤全磷的原理与方法。

【实验原理】

样品在强酸高温消化时，使土壤中含磷矿物（不溶性磷酸盐）转化为正磷酸形态进入溶液。同时高氯酸是一种强氧化剂，能使土壤中有机质完全分解，使有机磷化合物转化为正磷酸盐而进入溶液，并使土壤中的二氧化硅脱水沉淀。硫酸可以提高消化液的温度，同时防止消化过程中溶液蒸干，有利于消化作用的顺利进行。待测溶液中磷的测定采用钼锑抗比色法。

【实验器材与试剂】

1. 实验器材

电子天平（感量 0.000 1 g），恒温水浴锅，分光光度计或紫外可见分光光度计或配有酶标板的酶标仪，2 000 W 调温电炉，50 mL 凯氏瓶（或 100 mL 消化管），通风橱，无磷定量滤纸。

2. 实验试剂

（1）浓 H_2SO_4（$\rho \approx 1.84$ g·cm^{-1}，分析纯）。

（2）70%～72% 高氯酸（$HClO_4$，分析纯）。

（3）4 mol·L^{-1} NaOH 溶液：同实验 20-1。

（4）2 mol·L^{-1} H_2SO_4 溶液：同实验 20-1。

（5）钼锑贮备溶液：同实验 20-1。

（6）钼锑抗显色剂：同实验 20-1。

（7）二硝基酚指示剂：同实验 20-1。

（8）100 mg·L^{-1} 磷标准贮备溶液：同实验 20-1。

（9）5 mg·L^{-1} 磷标准溶液：同实验 20-1。

【实验操作与步骤】

1. 待测液的制备

准确称取过 0.149 mm 筛的风干土样 0.500 0～1.000 0 g，置于 50 mL 凯氏瓶（或 100 mL 消化管）中，以少量水湿润后，加浓 8 mL 浓 H_2SO_4，摇匀后，再加 10 滴 70%～72% 高氯酸，摇匀，瓶口上加一个小漏斗，置于电炉上加热消煮（至溶液开始转白后继续消煮）20 min。全部消煮时间为 45～60 min。在样品分解的同时做空白试验，即所用试剂同上，但不加土样，相同操作步骤获得空白消煮液。

将冷却后的消煮液倒入 100 mL 容量瓶中（容量瓶中事先盛水 30~40 mL），用水少量多次冲洗凯氏瓶，轻轻摇动容量瓶，待完全冷却后，加水定容。静置过夜，次日小心地吸取上清液进行磷的测定；或者用干的定量滤纸过滤，将滤液接收在 100 mL 干燥的三角瓶中待测定。

2. 样品溶液中磷含量的测定

（1）显色：吸取 5~10 mL 滤液注入 50 mL 容量瓶中，加水至 30 mL，摇匀之后定容显色，步骤同 NaOH 熔融法（见实验 20-1）。

（2）比色：同 NaOH 熔融法（见实验 20-1）。

3. 标准曲线的绘制：同 NaOH 熔融法（见实验 20-1）。

【结果计算】

$$土壤全磷含量（g \cdot kg^{-1}）= \frac{\rho \times V \times t_s \times 10^{-6}}{m} \times 1\,000$$

式中：ρ 为从标准曲线上查得（或回归所求）的待测液中磷含量（$mg \cdot L^{-1}$）；V 为待测液的定容体积（mL）；t_s 为分取倍数，显色液体积与吸取的待测液体积之比；m 为烘干土样的质量（g）；10^{-6} 为将 mg 换算成 g 以及将 mL 换算成 L 的系数；$1\,000$ 为换算成每 kg 土壤含磷量的系数。

【注意事项】

1. 消煮：消煮时间一般要求 45~60 min。若消煮时间短于 45 min，则消煮的溶液颜色和溶液黏度达不到要求。消煮时间大于 60 min 时，溶液会呈焦糊状。

2. 显色与比色：同实验 20-1。

【思考题】

比较 $HClO_4$-H_2SO_4 消煮法与 NaOH 熔融法制备待测液的优缺点。

实验 21　土壤有效磷含量的测定

土壤有效磷是土壤中可被植物吸收的磷组分，包括全部水溶性磷、部分吸附态磷、部分微溶性的无机磷及易矿化的有机态磷。土壤中有效磷的含量受土壤类型、气候条件、农艺措施、土地利用方式等因素的影响而不同。了解土壤中有效磷的供应状况，为合理施用磷肥及提高磷肥利用率提供参考依据。

化学速测方法是测定土壤有效磷使用最普遍的方法，即用浸提剂提取土壤中的有效磷。由于提取剂的不同所得结果也不一致，提取剂的选择主要是根据土壤的类型和性质而定。提取剂是否合适，主要看提取的土壤磷浓度是否与植物生长、磷吸收相关性最大。一般石灰性和中性土壤有效磷的测定采用 $NaHCO_3$ 浸提 - 钼锑抗比色法，酸性土壤采用 NH_4F-HCl 提取 - 钼锑抗比色法。

21–1　$NaHCO_3$ 浸提 – 钼锑抗比色法

【实验目的】

掌握用 $NaHCO_3$ 浸提 – 钼锑抗比色法测定石灰性和中性土壤有效磷的原理和方法。

【实验原理】

石灰性土壤中的速效磷多以磷酸一钙 [$Ca(H_2PO_4)_2$] 和磷酸二钙（$CaHPO_4$）形态存在，中性土壤中则多以磷酸钙 [$Ca_3(PO_4)_2$]、磷酸铁（$FePO_4$）和磷酸铝（$AlPO_4$）形态存在。一般用 0.5 mol·L^{-1} $NaHCO_3$ 溶液来浸提土壤有效磷，由于 CO_3^{2-} 的同离子效应，$NaHCO_3$ 溶液降低 $CaCO_3$ 的溶解度，也就减少了溶液中 Ca^{2+}，有利于磷酸钙盐的提取。同时由于 $NaHCO_3$ 溶液降低了 Al^{3+} 和 Fe^{3+} 的活性，有利于 $AlPO_4$ 和 $FePO_4$ 的提取。此外，碳酸氢钠碱溶液中存在着 OH^-、HCO_3^-、CO_3^{2-} 等阴离子，有利于吸附态磷的置换。因此，$NaHCO_3$ 浸提适用于石灰性、中性和微酸性土壤有效磷的提取。浸提液中的磷用钼锑抗比色法测定。

【实验器材与试剂】

1. 实验器材

电子天平（感量为 0.000 1 g），分光光度计或紫外可见分光光度计或配有酶标板的酶标仪，恒温往复式振荡机（振荡频率约为 180 r·min^{-1}）。

2. 实验试剂

（1）0.5 mol·L^{-1} $NaHCO_3$ 浸提剂（pH = 8.5）：将 42.0 g $NaHCO_3$（分析纯）溶于约 800 mL 蒸馏水中，稀释至 1 L，用 0.50 mol·L^{-1} NaOH 溶液调节 pH 至 8.5。贮存于塑料或玻璃瓶中，用塞塞紧。如贮存期超过 20 d，使用时必须检查并校准 pH。适宜现用现配。

（2）无磷活性炭：如果活性炭（化学纯）中含磷，应先用 1 : 1 HCl 溶液浸泡 24 h，然后在布氏漏斗上抽气过滤，用水淋洗 4 ~ 5 次洗去酸液，再用 0.50 mol·L^{-1} $NaHCO_3$ 浸泡 24 h，去除其中的磷，抽气过滤后再用蒸馏水洗至中性，烘干备用。

（3）5 g·L^{-1} 酒石酸氧锑钾溶液：同实验 20–1。

（4）钼锑贮备溶液：同实验 20–1。

（5）钼锑抗显色剂：同实验 20–1。

（6）2,4（或 2,6）– 二硝基酚指示剂：同实验 20–1。

（7）100 mg·L^{-1} 磷标准贮备溶液：同实验 20–1。

（8）5 mg·L^{-1} 磷标准溶液：同实验 20–1。

【实验操作与步骤】

1. 待测液制备

称取通过 2 mm 筛孔的风干土样 2.50 ~ 10.00 g，置于干燥的 150 mL 塑料瓶中（或 250 mL 塑料瓶），加入 0.5 mol·L^{-1} $NaHCO_3$ 浸提剂 50 mL，再加一药匙（约 1 g）无磷活性炭，拧紧瓶盖，25 ± 1℃ 的条件下，在振荡机上振荡 30 min（频率约 180 r·min^{-1}），立即用无磷滤纸过滤，滤液承接于 100 mL 三角瓶中。同时做不加土壤的空白试验。

2. 显色测定

吸取滤液 10 ~ 20 mL（含 5 ~ 25 μgP；含磷量高时吸取 2.5 ~ 5.0 mL，同时应补加 0.5 mol·L^{-1} NaHCO$_3$ 溶液至 10 mL），放入 50 mL 容量瓶中，加 1 ~ 2 滴二硝基酚指示剂，用稀 NaOH 或稀 HCl 调节滤液 pH 至溶液刚呈微黄，边加边摇，待 CO$_2$ 充分释放后，再准确加入 5 mL 钼锑抗显色剂，用水定容，摇匀。恒温 35 ~ 40℃ 放置 30 min 后，以空白溶液（0.5 mol·L^{-1} NaHCO$_3$ 浸提剂 10 mL 代替土壤滤出液）为参比液，调节分光光度计的零点后，在 700 nm 或 880 nm 波长下进行比色，读取吸光度值，或用酶标仪读取吸光度值。

3. 标准曲线绘制

在土样比色的同时，分别准确吸取 5 mg·L^{-1} 磷标准溶液 0、1.0 mL、2.0 mL、3.0 mL、4.0 mL、5.0 mL 于 50 mL 容量瓶中，再加入 0.5 mol·L^{-1} NaHCO$_3$ 浸提剂 10 mL，加水使各瓶内液体总体积约 30 mL，摇匀。然后加入钼锑抗试剂 5 mL，加水定容，即得浓度分别为 0、0.1 mg·L^{-1}、0.2 mg·L^{-1}、0.3 mg·L^{-1}、0.4 mg·L^{-1}、0.5 mg·L^{-1} 磷标准系列溶液。恒温 35 ~ 40℃ 放置 30 min 后进行比色，或用酶标仪测定。以磷含量为横坐标，相应的吸光度值为纵坐标，绘制标准曲线或求得两个变量的一元线性回归方程。

【结果计算】

$$土壤有效磷含量（mg·kg^{-1}）= \frac{\rho \times V \times t_s \times 10^{-3}}{m} \times 1\,000$$

式中：ρ 为从标准曲线上查得待测液中磷的含量（mg·L^{-1}）；V 为显色时待测液的定容体积（mL）；t_s 为分取倍数，即浸提液总体积与显色时吸取浸提液体积之比；m 为烘干土样的质量（g）；10^{-3} 为将 mL 换算成 L 的系数；1 000 为换算成每 kg 土壤含磷量的系数。

根据全国第二次土壤普查，土壤速效磷含量的分级标准见表 6-3。

表 6-3　土壤速效磷含量分级指标

土壤养分级别	很高（一级）	高（二级）	中上（三级）	中下（四级）	低（五级）	很低（六级）
速效磷含量 /（mg·kg^{-1}）	>40	20 ~ 40	10 ~ 20	5 ~ 10	3 ~ 5	<3

【注意事项】

1. 要求吸取的待测液中含磷 5 ~ 25 μg，可事先吸取一定量的待测液，显色后用目测法观察颜色深度，同标准曲线样品比较，然后估算出应该吸取的待测液体积。

2. 活性炭一定要洗至无磷无氯反应，否则不能使用。

3. 温度高低影响测定结果。用浸提液提取土壤时一般要在室温（20 ~ 25℃）下进行，最好在恒温振荡机上进行提取。如室温低于 20℃ 时，可将容量瓶放入 30 ~ 40℃ 的烘箱或水浴中保温 30 min，稍冷后方可比色。

4. 由于取 0.5 mol·L^{-1} NaHCO$_3$ 浸提剂 10 mL 于 50 mL 容量瓶中，加水和钼锑抗试剂后，会产生大量的 CO$_2$ 气体，而容量瓶瓶口小，CO$_2$ 气体不易逸出，在摇匀过程中，常会使试液外溢，造成测定误差。为克服此缺点，可以准确加入浸提剂、水和钼锑抗试剂（共计 50 mL）于三角瓶中，混匀，显色。

5. 钼锑抗混合剂的加入量要十分准确，特别是钼酸铵用量的多少，直接影响着显色的深浅和稳定性。标准溶液和待测液的比色酸度应保持基本一致，它的加入量应随比色时定容体积的大小按比例增减。

【思考题】

1. 如何选择合适的土壤有效磷浸提剂？为什么 $0.5\ mol \cdot L^{-1}$ $NaHCO_3$ 浸提剂是石灰性土壤有效磷较好的浸提剂？

2. 钼锑抗比色法的显色条件是什么？

21-2　NH_4F-HCl 提取 - 钼锑抗比色法

【实验目的】

了解 NH_4F-HCl 提取 - 钼锑抗比色法测定酸性土壤有效磷的原理与方法。

【实验原理】

酸性土壤中的有效磷主要以磷酸铁（$FePO_4$）和磷酸铝（$AlPO_4$）形态存在。用 NH_4F-HCl 提取，在酸性条件下 F^- 能与 Fe^{3+} 和 Al^{3+} 形成络合物，促使磷酸铁、磷酸铝溶解（如下反应式），同时由于 H^+ 的作用也溶解出部分活性较大的磷酸钙 $[Ca_3(PO_4)_2]$。待测液中的磷用钼锑抗显色剂显色，进行比色测定。

$$3NH_4F + 3HF + AlPO_4 \longrightarrow H_3PO_4 + (NH_4)_3AlF_6$$
$$3NH_4F + 3HF + FePO_4 \longrightarrow H_3PO_4 + (NH_4)_3FeF_6$$

【实验器材与试剂】

1. 实验器材

电子天平（感量 0.000 1 g），紫外分光光度计或配有酶标板的酶标仪，恒温往复式振荡机，150 mL 塑料瓶，滤纸，50 mL 容量瓶，25 mL 比色管。

2. 试剂

（1）$0.03\ mol \cdot L^{-1}$ NH_4F-$0.025\ mol \cdot L^{-1}$ HCl 浸提剂：称取 1.11 NH_4F（分析纯），溶于 800 mL 水中，加 $1\ mol \cdot L^{-1}$ HCl 溶液 25 mL，用水稀释至 1 L，贮于塑料瓶中。

（2）$0.8\ mol \cdot L^{-1}$ H_3BO_3 溶液：称取 49.0 g H_3BO_3（分析纯），溶于约 900 mL 热水中，冷却后稀释至 1 L。

（3）其他试剂同 $NaHCO_3$ 浸提 - 钼锑抗比色法（见实验 21-1）。

【实验操作与步骤】

1. 待测液制备

称取通过 2 mm 孔径筛的风干土样 5.00 g（精确至 0.001 g），置于 150 mL 塑料瓶中，加入 50 mL NH_4F-HCl 浸提剂，在 20～25 ℃恒温条件下振荡 30 min（振荡频率 160～200 $r \cdot min^{-1}$），取出后立即用无磷干滤纸过滤于三角瓶中。同时做不加土壤的空白试验。

2. 测定

准确吸取滤液 5.0～10.0 mL（含磷 5.0～25.0 μg）于 50 mL 容量瓶中，加入 10 mL 0.8 mol·L^{-1} H$_3$BO$_3$ 溶液，摇匀，加水至 30 mL 左右，再加入 2,4（或 2,6）- 二硝基酚指示剂 2 滴，用稀酸或者稀碱调节溶液刚显微黄色。加入 5 mL 钼锑抗显色剂，用水定容，在室温 20 ℃以上的条件下，放置 30 min。同时做试剂空白实验。

比色步骤同实验 21-1。从标准曲线上查得相应的含磷量或通过回归方程计算出样品显色液中含磷量。

3. 标准曲线绘制

准确吸取 5 mg·L^{-1} 磷标准溶液 0、0.5 mL、1.0 mL、1.5 mL、2.0 mL、2.5 mL、3.0 mL 分别放入 7 个 25 mL 比色管中，各加入 NH$_4$F-HCl 浸提剂 10 mL、钼锑抗显色剂 5 mL，慢慢摇动，使 CO$_2$ 逸出，再以水稀释至刻度，充分摇动逐尽 CO$_2$，定容，即得含磷量分别为 0、0.1 mg·L^{-1}、0.2 mg·L^{-1}、0.3 mg·L^{-1}、0.4 mg·L^{-1}、0.5 mg·L^{-1}、0.6 mg·L^{-1} 的标准系列溶液。在室温高于 20 ℃处放置 30 min 后，按上述样品待测液分析步骤进行比色，测定吸光度，绘制标准曲线或建立回归方程。

【结果计算】

$$土壤有效磷含量（mg·kg^{-1}）= \frac{\rho \times V \times t_s \times 10^{-3}}{m} \times 1\,000$$

式中：ρ 为从标准曲线上查得待测液中磷的含量（mg·L^{-1}）；V 为显色时待测液的定容体积（mL）；t_s 为分取倍数，即浸提液总体积与显色时吸取浸提液体积之比；m 为烘干土样的质量（g）；10^{-3} 为将 mL 换算成 L 的系数；1 000 为换算成每 kg 土壤含磷量的系数。

平行测定结果用算术平均值表示，结果保留小数点后一位。

【注意事项】

1. 加硼酸主要是与 F$^-$ 形成络合物，可避免显色过程中氟化物对磷测定产生干扰，但在大多数情况下，除非少数酸性砂土，否则可不加。

2. 其他注意事项同实验 20-1。

【思考题】

1. 为什么报告土壤有效磷测定结果时，必须同时说明所用的测定方法？

2. 此法浸提出来的磷主要是什么形态的磷？

3. 讨论影响土壤有效磷浸提的因素。

实验 22　土壤全钾含量的测定

土壤全钾是指土壤中各种形态钾素的总和。土壤中钾主要以无机形态存在，按其化学组分可分为矿物钾、非交换性钾、交换性钾和水溶性钾；按植物营养有效性可分为无效钾、缓效钾和速效钾。土壤全钾含量的大小虽然不能反映钾对植物的有效性，但能够反映土壤供钾潜力。

土壤全钾样品的分解有碱熔和酸溶两大类。碱熔法包括碳酸氢钠熔融法和氢氧化钠熔融法。一般主要采用氢氧化钠熔融法，相对于碳酸氢钠熔融法，该方法不仅操作方便，分解也较为完全，而且可用银、镍、铁坩埚代替铂坩埚，是适用于一般实验室的较好方法，所制备的同一待测液可测定全磷和全钾。酸溶法主要采用氢氟酸 – 高氯酸法，该方法需用聚四氟乙烯坩埚进行消解，并要求具备良好的通风设备。氢氟酸 – 高氯酸法所得的待测液可同时测定全钾、全钠等元素，但测定结果与碱熔法相比偏低，同时对坩埚的腐蚀性大。溶液中钾的测定多采用火焰光度法或原子吸收法。

22–1　NaOH 熔融 – 火焰光度法

【实验目的】

学习并掌握 NaOH 熔融 – 火焰光度法测定土壤全钾的原理与方法。

【实验原理】

土壤样品经强碱熔融后，难溶的硅酸盐分解成可溶性化合物，土壤矿物晶格中的钾转变成可溶性钾形态，同时土壤中的不溶性磷酸盐也转变成可溶性磷酸盐，在以稀酸溶解熔融物后，即可获得能同时测定全磷和全钾的待测液。

待测液在火焰高温激发下，辐射出钾元素的特征光谱，通过钾滤光片，经光电池或光电倍增管，把光能转换为电能，放大后用检流计指示其强度；从钾标准溶液浓度和检流计读数所作的标准工作曲线，即可查出待测液中钾的浓度，然后计算样品的钾含量。

【实验器材与试剂】

1. 实验器材

电子天平（感量 0.000 1 g），高温电炉，银或镍坩埚（30 mL），火焰光度计或原子吸收分光光度计，干燥器。

2. 实验试剂

（1）NaOH（分析纯）。

（2）C_2H_5OH（分析纯）。

（3）1∶3 H_2SO_4 溶液：同实验 20–1。

（4）1∶1 HCl 溶液：同实验 20–1。

（5）0.2 mol·L^{-1} H_2SO_4 溶液：同实验 20–1。

（6）100 μg·mL^{-1} 钾标准溶液：准确称取 KCl（分析纯，110℃烘 2 h）0.190 7 g 溶解于蒸馏水中，定容至 1 L，贮于塑料瓶中。

【实验操作与步骤】

1. 待测液的制备

同实验 20–1。

2. 测定

吸取待测液 5.0 mL 或 10.0 mL 于 50 mL 容量瓶中（钾的含量控制在 10～30 μg·mL^{-1}），用水定容，直接在火焰光度计上测定，记录检流计的读数，然后从标准曲线上查得待测液钾的浓度（μg·mL^{-1}）。

3. 标准曲线的绘制

分别准确吸取 100 µg·mL^{-1} 钾标准溶液 0、2.5 mL、5.0 mL、10.0 mL、15.0 mL、20.0 mL、40.0 mL 放入 100 mL 容量瓶中，用 1 mol·L^{-1} 乙酸铵溶液定容，即得 0、2.5 µg·mL^{-1}、5 µg·mL^{-1}、10 µg·mL^{-1}、15 µg·mL^{-1}、20 µg·mL^{-1}、40 µg·mL^{-1} 钾系列标准溶液。然后直接在火焰光度计上测定。以检流计读数为纵坐标，钾浓度为横坐标（µg·mL^{-1}），绘制标准曲线，或计算线性回归方程。

【结果计算】

$$土壤全钾含量（g·kg^{-1}）= \frac{\rho \times V \times t_s \times 10^{-6}}{m} \times 1\,000$$

式中：ρ 为从标准曲线上查得（或回归所求）的待测液中钾的浓度（mg·L^{-1}）；V 为待测液的定容体积（mL）；t_s 为分取倍数，即原待测液总体积与吸取的待测液体积之比；m 为烘干土样的质量（g）；10^{-6} 为将 mg 换算成 g 以及 mL 换算成 L 的系数；1 000 为换算成每 kg 土壤含钾量的系数。

根据全国第二次土壤普查，土壤全钾含量的分级标准见表 6-4。

表 6-4　土壤全钾含量分级指标

土壤养分级别	很高（一级）	高（二级）	中上（三级）	中下（四级）	低（五级）	很低（六级）
全钾含量 /（g·kg^{-1}）	>30	20～30	15～20	10～15	5～10	<5

【注意事项】

在用火焰光度计测定完毕之后，须用蒸馏水在喷雾器下继续喷雾 5 min，洗去多余的盐或酸，使喷雾器保持良好的使用状态。

【思考题】

NaOH 熔融法进行前处理测定土壤全钾时有哪些优点？所制备的待测液可同时测定哪些元素？

22-2　HF-HClO₄ 消煮 – 火焰光度法

【实验目的】

学习并掌握 HF-HClO₄ 消煮 – 火焰光度法测定土壤全钾的原理与方法。

【实验原理】

土壤中的有机物先用 HNO₃ 和 HClO₄ 加热氧化，然后用氢氟酸分解硅酸盐等矿物，硅与氟形成四氟化硅逸去。继续加热至剩余的酸被赶尽，使矿质元素变成金属氧化物或盐类用盐酸溶液溶解残渣，使矿物态钾转变为 K$^+$。经适当稀释后用火焰光度法或原子吸收分光光度法测定溶液中的 K$^+$ 浓度，再换算为土壤全钾含量。此法可同时测定土壤全钾和全钠含量。

【实验器材与试剂】

1. 实验器材

电子天平（感量 0.000 1 g），铂坩埚或聚四氟乙烯坩埚（30 mL），电热沙浴或铺有石棉布的电热板（温度可调），火焰光度计或原子吸收分光光度计，通风橱，玛瑙研钵（直径 8～12 cm），土壤筛（孔径 1 mm，0.149 mm）。

2. 试剂

（1）HNO₃（$\rho = 1.42$ g·mL^{-1}，分析纯）。

（2）70%～72% HClO₄（分析纯）。

（3）48% HF（分析纯）。

（4）1:1 HCl 溶液：同实验 20-1。

【实验操作与步骤】

1. 待测液制备

称取风干土 0.100 g（过 0.149 mm 孔筛）于铂坩埚或聚四氟乙烯坩埚中，先加几滴水湿润样品，然后加 5 mL HF 和 0.5 mL HClO₄。如果是有机土壤需要加 3 mL HNO₃ 和 1 mL HClO₄。将装有酸－土壤混合物的坩埚放在电热沙浴或铺有石棉布的电热板上，于通风橱中加热，直到 HClO₄ 分解出现白烟，取下冷却。等坩埚冷却后，再加 5 mL HF 继续加热。

加热时，坩埚盖不要盖严，要留有缝隙。蒸发坩埚内的混合物使其干燥。取出坩埚冷却后，加 2 mL 蒸馏水和几滴 HClO₄，再将坩埚加热蒸发至干。冷却取下坩埚，加 5 mL 1:1 HCl 溶液和约 5 mL 水，继续加热至残渣溶解。若残渣溶解不完全，应将溶液蒸干，再加 HF 3.5 mL、HClO₄ 0.5 mL，继续消煮至残渣全部溶解。当残留物在 HCl 中完全溶解后，将溶液过滤于 100 mL 容量瓶中，冲洗滤纸数次后定容，此溶液为土壤待测液。同时按上述方法制备不加土壤的试剂空白溶液。

2. 测定：上述待测液直接用火焰光度计测定钾含量，同 NaOH 熔融法（见实验 22-1）。

3. 标准曲线的绘制：同 NaOH 熔融法（见实验 22-1）。

【结果计算】

$$土壤全钾含量（g \cdot kg^{-1}）= \frac{\rho \times V \times t_s \times 10^{-6}}{m} \times 1\,000$$

式中：ρ 为从标准曲线上查得（或回归所求）的待测液中钾的含量（mg·L^{-1}）；V 为待测液的定容体积（mL）；t_s 为分取倍数，原待测液总体积与吸取的待测液体积之比；m 为烘干土样的质量（g）；10^{-6} 为将 mg 换算成 g 以及将 mL 换算成 L 的系数；1 000 为换算成每 kg 土壤含钾量的系数。

用平行测定结果的算术平均值表示，小数点后保留两位。

【思考题】

用氢氧化钠熔融法和酸溶法分别测定土壤全钾时，其所得结果有何差异？

实验 23　土壤速效钾含量的测定

土壤速效钾是指土壤中易被作物吸收利用的钾素，包括土壤水溶性钾和土壤交换性钾。交换性钾是指受静电引力而吸附在土壤胶体表面，并能被溶液中的阳离子在短时间内交换的钾。水溶性钾是指土壤溶液中的钾。交换性钾是土壤速效钾的主要部分，占土壤速效钾的 95% 以上，水溶性钾仅占极小部分，常将其计入交换性钾。速效钾占土壤全钾量的 1% ~ 2%，其含量高低是表征土壤钾素供应状况的重要指标之一。

凡是能通过交换作用代换交换性钾的试剂，都可以作为提取剂，如硝酸钠（$NaNO_3$）、乙酸钠（CH_3COONa）、氯化钙（$CaCl_2$）、硝酸铵（NH_4NO_3）和乙酸铵（CH_3COONH_4）等。不同浸提剂所测得的结果不一致。通常用中性乙酸铵作为土壤交换性钾的标准浸提剂。NH_4^+ 与 K^+ 的半径相近，水化能也相似，可有效取代土壤矿物表面的交换性钾。同时 NH_4^+ 进入矿物层间，能有效引起层间收缩，不会使矿物层间的非交换性钾释放出来。因此，NH_4^+ 能将土壤交换性钾和黏土矿物固定的钾截然分开，提取效果受提取时间和淋洗次数的影响很小。此外，土壤浸出液可不用除去 NH_4^+，直接用火焰光度计来测定，操作简单，结果较好，干扰小。这里介绍乙酸铵浸提 – 火焰光度法测定土壤速效钾的方法。

【实验目的】

掌握乙酸铵浸提 – 火焰光度法测定土壤速效性钾的原理和方法。

【实验原理】

当中性乙酸铵（NH_4OAc）溶液与土壤样品混合后，溶液中的 NH_4^+ 与土壤胶体表面的 K^+ 进行交换（如下反应），取代下来的 K^+ 和水溶性钾一起进入溶液。提取液中的钾可直接用火焰光度计测定。

$$\boxed{\begin{array}{c}H^+\\ Mg^{2+}\\ \text{土壤}\\ \text{胶体}\\ Ca^{2+}\\ K^+\end{array}} + nNH_4OAc \rightleftharpoons \boxed{\begin{array}{c}NH_4^+\ NH_4^+\\ \text{土壤}\\ \text{胶体}\\ NH_4^+\ NH_4^+\\ NH_4^+\end{array}} + (n-6)NH_4OAc + HOAc + KOAc + Ca(OAc)_2 + Mg(OAc)_2$$

【实验器材与试剂】

1. 实验器材

电子天平（感量 0.001 g），火焰光度计，往复式振荡机，土壤筛（孔径 1 mm），三角瓶，定性滤纸。

2. 实验试剂

（1）1 $mol \cdot L^{-1}$ 中性乙酸铵（pH7）溶液：称取 77.09 g 乙酸铵（化学纯），加蒸馏水稀释至近 1 L。用 HOAc 或 NH_4OH 调 pH 至 7.0，然后定容至 1 L。具体方法如下：取出 1 $mol \cdot L^{-1}$ 乙酸铵溶液 50 mL，用溴百里酚蓝作指示剂，以 1：1 NH_4OH 或稀 HOAc 调至绿色即为 pH 7.0（也可以在酸度计上调节），根据所用 NH_4OH 或 HOAc 的体积，算出需要所配溶液的体积，最后调 pH 至 7.0。

（2）100 μg·mL^{-1} 钾标准溶液：同实验 22–1。

【实验操作与步骤】

1. 称取通过 1 mm 筛孔的风干土 5.00 g 于 100 mL 三角瓶或大试管中，加入 1 mol·L^{-1} 中性乙酸铵溶液 50 mL，塞紧橡皮塞，振荡 30 min（150～180 r·min^{-1}），用定性滤纸过滤。

2. 滤液盛于小三角瓶中，同钾标准系列溶液一起在火焰光度计上测定。记录其检流计上的读数，然后从标准曲线上求得其浓度。

3. 标准曲线的绘制：同实验 21–1。

【结果计算】

$$土壤速效钾含量（mg·kg^{-1}）= \frac{\rho \times V \times 10^{-3}}{m} \times 1\,000$$

式中：ρ 为从标准曲线上查得的过滤液钾含量（mg·L^{-1}）；V 为加入浸提剂的体积（mL）；10^{-3} 为将 mL 换算成 L 的系数；m 为烘干土样品的质量（g）。

根据全国第二次土壤普查，土壤速效钾含量的分级标准见表 6–5。

表 6–5　土壤速效钾含量分级指标

土壤养分级别	很高（一级）	高（二级）	中上（三级）	中下（四级）	低（五级）	很低（六级）
速效钾含量 /（mg·kg^{-1}）	>200	150～200	100～150	50～100	30～50	<30

【注意事项】

1. 含乙酸铵的钾标准溶液配制后不能放置过久，以免长霉，影响测定结果。

2. 用乙酸铵提取的土壤样品不易放置过久，否则可能有小部分矿物钾转入溶液中，使测定结果偏高。

【思考题】

用 1 mol·L^{-1} 中性乙酸铵溶液浸提土壤速效钾的优点是什么？

第7章
土壤生物学性质分析

土壤是具有生物活性的复杂体系，土壤微生物是土壤中物质转化的驱动力，它导致土壤发生一系列的生物化学反应过程（主要是酶促反应）。土壤生物化学过程直接影响着土壤中物质转化的方向和速度，影响着土壤环境质量与肥力特征。因此，了解微生物在土壤中的活动状况及土壤酶活性具有重要的理论与实践意义。

实验 24　土壤呼吸速率的测定

土壤呼吸作用，严格意义上讲是指未受扰动的土壤中产生 CO_2 的所有代谢作用，包括异养呼吸和植物根系的自养呼吸。土壤呼吸作用释放的 CO_2 中 30% ~ 50% 来自根系自养呼吸及根系分泌物的微生物异养呼吸作用，其余部分主要来源于土壤微生物对有机质和凋落物的分解作用，即异养呼吸作用。在土壤呼吸作用的来源中，土壤微生物的呼吸是主要的。土壤微生物的呼吸作用强度可反映土壤中有机质的分解及土壤有效养分的状况，因此常被作为土壤微生物总的活性指标或作为评价土壤肥力高低的尺度之一。

测定土壤呼吸作用对研究土壤中生物化学反应和土壤有机质的分解速率均有重要意义。土壤呼吸作用通常是通过直接测定从土壤表面释放的 CO_2 量来测定的。目前的测定方法主要有静态气室法、密闭或敞开系统的动态气室法、CO_2 浓度梯度法和微气象法，但不同方法的测定值存在相当大的差异。这里主要介绍室内密闭静态培养法（碱液吸收法）和田间原位密闭静态培养法（碱液吸收法）。

24-1　室内密闭静态培养法

【实验目的】
掌握室内密闭静态培养法测定土壤呼吸速率的原理和方法。

【实验原理】
在密闭系统中，采用 NaOH 溶液吸收土壤呼吸释放的 CO_2 气体。培养一定时间后，以酚酞为指示剂，用 HCl 标准溶液滴定剩余的 NaOH，根据 NaOH 溶液的消耗量，即可计算出该段时间内土壤微生物通过呼吸产生的 CO_2 的量。其反应式如下：

$$(CH_2O)_n + O_2 \longrightarrow CO_2 \uparrow + H_2O$$
$$CO_2 + 2NaOH \longrightarrow Na_2CO_3 + H_2O$$

$$Na_2CO_3 + BaCl_2 \longrightarrow BaCO_3\downarrow + 2NaCl$$
$$NaOH + HCl \longrightarrow NaCl + H_2O$$

【实验器材与试剂】

1. 实验器材

电子天平（0.01 g），500 mL 广口瓶，橡胶塞，平底离心管，酸式滴定管，平底离心管或小塑料管或高脚烧杯，移液器或移液管，三角瓶，容量瓶。

2. 实验试剂

（1）0.5 mol·L^{-1} NaOH 溶液：称取 20 g NaOH（分析纯）溶于无 CO_2 的蒸馏水中，定容至 1 L。

（2）0.2 mol·L^{-1} HCl 溶液：16.7 mL 浓 HCl（分析纯）用蒸馏水定容至 1 L，用碳酸钠标定其准确浓度。

（3）1 mol·L^{-1} $BaCl_2$ 溶液：称取 244 g 氯化钡（$BaCl_2$·$2H_2O$，分析纯）溶于无 CO_2 的蒸馏水中，定容至 1 L。

（4）5 g·L^{-1} 酚酞指示剂：称取 0.5 g 酚酞溶于 100 mL 95% 乙醇中。

【实验操作与步骤】

1. CO_2 气体的收集

将过 2 mm 筛孔的 50 g 风干土样或新鲜土样，置于 500 mL 广口瓶中。调节土壤含水量至该土壤田间持水量的 60%（因土壤质地而异），将盛有 20 mL 0.5 mol·L^{-1} NaOH 溶液的塑料管或高脚烧杯和装有 30 mL 蒸馏水的塑料管或玻璃管一同放入广口瓶中，将培养瓶加盖密封，在 25℃ 黑暗条件下培养。分别在培养后第 0、1、3、7、14、21、28 d，取出吸收了 CO_2 的 NaOH 溶液塑料管进行测定，之后再向广口瓶中放入装有 NaOH 溶液的塑料管。注意广口瓶在每次取出碱液之后，揭去瓶盖，适当通气 15～20 min，再加入新的 NaOH 溶液，密封培养。做 3 个平行，同时设不加土壤的空白对照实验，用以减去空气中 CO_2 的量。

2. 剩余碱液的滴定

从装有碱液的容器中用移液管准确吸取 10 mL NaOH 溶液于锥形瓶中，加入 5～10 mL 过量的 1 mol·L^{-1} $BaCl_2$ 溶液（变为乳白色），加入 2 滴酚酞指示剂后变为浅红色，再用 0.2 mol·L^{-1} HCl 溶液滴定至红色消失转为乳白色为止，记录所用 HCl 溶液体积，测定吸收的 CO_2 量即为土壤微生物呼出的 CO_2 量。同时做空白对照实验。

【结果计算】

$$\omega(CO_2 - C \text{ 或 } CO_2) = (V_0 - V) \times c_1 \times M \times 1\,000 \times t_s \div m$$

式中：ω 为释放的 $CO_2 - C$ 或者 CO_2 的质量分数（mg·kg^{-1}）；V_0 为空白消耗 HCl 溶液的体积（mL）；V 为样品消耗 HCl 的体积（mL）；c_1 为 HCl 浓度（mol·L^{-1}）；M 为摩尔质量，如果以碳表示，则 $M = 6$ g·mol^{-1}，如果以 CO_2 表示，则 $M = 22$ g·mol^{-1}；t_s 为分取倍数；1 000 为 g 转换为 kg 的系数；m 为烘干土样质量（g）。

【注意事项】

1. 检查广口瓶密闭性，以防空气中 CO_2 进入而影响测定结果。

2. 配制的 NaOH 溶液尽量除去 CO_2。吸收 CO_2 的碱液应及时测定，以免受空气中 CO_2 的干扰而影响测定结果。

3. 培养黏粒含量高的土壤时，水分调节一般不超过该土壤田间持水量的 40%，水分太高，CO_2 释放受阻，从而导致土壤呼吸强度减弱。

4. 在广口瓶中放装有蒸馏水的塑料管，是为了保证培养期间土壤含水量不变，适用于较短时间的培养实验。如果培养时间较长，建议采用称重法控制土壤湿度。

【思考题】

为何要尽量排除蒸馏水和备用 NaOH 溶液中的 CO_2？

24-2　田间原位密闭静态培养法

【实验目的】

掌握田间原位密闭静态培养法测定土壤呼吸速率的原理和方法。

【实验原理】

图 7-1 所示装置是用于未扰动的原位土壤呼吸速率的测定方法之一。该方法由于其简单性和通用性，至今仍被普遍使用。在测定释放出的 CO_2 时，将装有一定体积已知浓度的 NaOH 溶液（以下称"碱液"）的敞口塑料瓶置于测试的地面上，然后在其上面罩一个上端密封的不锈钢圆筒或 PVC 圆筒。为了方便换取碱液，可制作带水槽的底座，将不锈钢圆筒扣在底座的水槽里，用水密封水槽。当 CO_2 从土壤表面释放时，聚集在圆筒内的 CO_2 被碱液吸收。经过一定时间后，将盛有碱液的塑料瓶移出，用 HCl 标准溶液滴定其中未与 CO_2 反应的残留碱液，根据消耗碱液的体积，即可计算出该段时间内单位面积土壤微生物通过呼吸产生的 CO_2 的量。

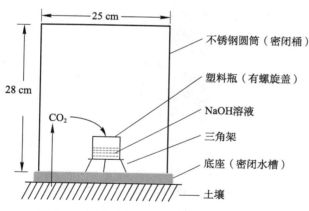

图 7-1　原位土壤呼吸速率测定装置示意图

【实验器材与试剂】

1. 实验器材

（1）田间原位密闭装置（图 7-1）：包括带 5 cm 高水槽的底座（圆环状）、一端密封（气密）的不锈钢圆筒（开口直径至少为 25 cm，高至少 28 cm）。

（2）带有螺旋盖的塑料瓶（盛放碱液）以及三角架（用于放塑料瓶，距离地表2 cm）。

（3）电子天平（感量 0.01 g），酸式滴定管，移液器或移液管，三角瓶，容量瓶。

2. 实验试剂

（1）1 mol·L^{-1} NaOH 溶液：称取 40 g NaOH（分析纯）溶于无 CO_2 的蒸馏水中，定容至 1 L。

（2）0.2 mol·L^{-1} HCl 溶液：同 24–1。

（3）1 mol·L^{-1} $BaCl_2$ 溶液：同 24–1。

（4）5 g·L^{-1} 酚酞指示剂：同 24–1。

【实验操作与步骤】

1. CO_2 气体的收集

选定测试的位置后，安装底座，底座嵌入地面 5 cm 以下。如果地面有植被，先将植被去除，再安装底座。用移液管吸取 1 mol·L^{-1} NaOH 溶液 30 mL（NaOH 用量和浓度可根据预实验结果进行调整）于塑料瓶中，将塑料瓶置于三角架上，立即罩上不锈钢圆筒，并用水密封（图 7–2）。按照研究目的设置取样时间（间隔时间不超过 7 d），将塑料瓶移出，带回实验室测定。如继续进行田间培养，需按照实验计划更换碱液。更换碱液时，将呼吸装置敞口平衡 1 min，再将另一只装有碱液的塑料瓶，置于完全密闭的不锈钢圆筒内。同时安排空白对照，将圆筒密封的一端朝下放置，开口一端朝上，在圆筒内放好三角架和碱液后，开口的部分用封口膜或者盖子盖紧，为了增加密闭性，可在圆筒边缘与盖子之间涂以硅脂密封。

带水槽的底座与三角架　　　　　　放置碱液　　　　　放置不锈钢圆筒并向底座水槽灌水密封

图 7–2　田间原位密闭装置及主要操作

2. 碱液滴定

同实验 24–1 中步骤 2 的碱液滴定。

【结果计算】

$$\omega\,(CO_2\text{-}C \text{ 或 } CO_2) = (V_0 - V) \times c_1 \times M \times 1\,000 \times t_s \div m$$

式中：ω 为释放的 CO_2-C 或 CO_2 的质量分数（mg·kg^{-1}）；m 为土壤在暴露于碱液期间

所释放的 CO_2–C 或 CO_2 的质量（mg）；V_0 为滴定空白对照碱液所消耗 HCl 溶液的体积（mL）；V 为滴定暴露于土壤空气中的碱液样品所消耗的 HCl 溶液的体积（mL）；c_1 为 HCl 溶液浓度（$mol \cdot L^{-1}$）；M 为摩尔质量，如果以碳表示，则 $M = 6\ g \cdot mol^{-1}$，如果以 CO_2 表示，则 $M = 22\ g \cdot mol^{-1}$；t_s 为分取倍数；1 000 为 g 转换为 kg 的系数。

当 CO_2–C 或 CO_2 的质量确定后，常用每小时或者每天每平方米 CO_2 的质量表示呼吸强度（$CO_2\ mg \cdot m^{-2} \cdot h^{-1}$）。

【注意事项】

1. 实验期间底座水槽要经常检查并及时灌水，保证装置的密闭性，以防空气中 CO_2 进入而影响测定结果。

2. 进行预实验，可粗略确定碱液用量。

【思考题】

根据实验结果，分析影响土壤有机氮矿化速率的因素。

实验 25　土壤有机氮净矿化速率的测定

氮素矿化作用是土壤中有机态氮经微生物分解转化为无机态氮的过程，它在生态系统中是土壤为植物生长提供氮素的关键过程。土壤净氮矿化率是指单位时间内土壤中无机氮的变化量，它是描述土壤氮素矿化作用速率的指标，在一定程度上反映了土壤对植物氮素的供应能力。氮矿化量的多少取决于土壤可矿化有机氮的数量及控制矿化速率的环境条件（土壤温度和含水量）。目前国内外土壤有机氮净矿化速率的测定主要是培养法，它能够反映土壤中氮素潜在供应能力，其结果与植物生长的相关性较强。培养实验法分为室内培养法和田间原位培养法。室内培养法又分为好氧培养法和厌氧培养法；田间原位培养法主要采用封顶埋管培养法。

25–1　室内好氧培养法

【实验目的】

掌握室内好氧培养法测定土壤有机氮矿化速率的原理和方法。

【实验原理】

供试土样在适宜的温度、水分、通气条件下进行培养，测定培养过程中释放的无机态氮含量。培养之后和培养之前土壤中无机态氮（包括铵态氮和硝态氮等）的差值，即为可矿化态氮。可矿化态氮与培养天数的比值，即为净矿化速率。

【实验器材与试剂】

1. 实验器材

恒温培养箱，500 mL 培养瓶，振荡机，半微量定氮蒸馏装置或者半自动凯氏定氮仪，半微量滴定管（5 mL）。

2. 实验试剂

参考土壤铵态氮和硝态氮含量测定所用试剂（见实验 18 和实验 19）。

【实验操作与步骤】

称取 120 g 风干土样（过 2 mm 筛），装入 500 mL 培养瓶，用去离子水调节土壤含水量至田间持水量的 40%，在 20℃下预培养 7 d，以激活土壤微生物。预培养结束后，土壤含水量调节至田间持水量的 60%，取出 10 g 土壤，分别测定铵态氮（NH_4^+–N）与硝态氮（NO_3^-–N）的含量，作为初始无机氮的含量。装有剩余土壤的培养瓶用网纱布封口，保持通气状态。然后将培养瓶置于 20℃恒温培养箱中培养 7 d（也可根据研究目的调整培养天数）。培养期间，调节含水量使之保持在田间持水量的 60%。培养结束后测定 NH_4^+–N 与 NO_3^-–N 的含量（详见实验 18 和实验 19）。

【结果计算】

$$土壤有机氮矿化速率（mg \cdot kg^{-1} \cdot d^{-1}）=（\omega_2 - \omega_1）\div d$$

式中：ω_2 为土壤培养后的 NH_4^+–N 和 NO_3^-–N 含量的总和（$mg \cdot kg^{-1}$）；ω_1 为土壤初始的 NH_4^+–N 和 NO_3^-–N 含量的总和（$mg \cdot kg^{-1}$）；d 为培养天数（d）。

【注意事项】

新鲜土壤样品在调节水分含量后，可直接培养。

【思考题】

1. 如果矿化率为负值，请分析造成此结果的可能原因。

2. 根据实验结果，分析影响土壤有机氮矿化速率的因素。

25-2 室内厌氧培养法

【实验目的】

掌握室内厌氧培养法测定土壤有机氮矿化速率的原理和方法。

【实验原理】

在一定温度下（25~40℃），采用淹水密闭（液土比为 2∶1）的方式培养土壤。在厌氧条件下，不会产生硝态氮。因此，培养结束时，仅需测定铵态氮含量。用培养后测得的样品铵态氮含量减去培养前样品中的铵态氮含量，即可计算可矿化态氮含量。可矿化态氮含量与培养天数的比值，即为净矿化速率。

【实验器材与试剂】

1. 实验器材

恒温培养箱，振荡器，半微量定氮蒸馏装置或者半自动凯氏定氮仪，半微量滴定管（5 mL），150 mL 三角瓶，土壤筛（孔径 2 mm）。

2. 实验试剂

参考土壤铵态氮含量测定所用试剂（见实验 18）。

【实验操作与步骤】

称取过 2 mm 筛孔的风干土样 10.0 g 置于 150 mL 三角瓶中，加蒸馏水 20.0 mL，摇匀（土样必须被水全部覆盖）。加盖橡皮塞，置于 40±2℃恒温培养箱中培养 7 d（培养时间可根据研究目的进行调整）。同时测定该土壤样品的铵态氮含量，作为初始值。培养结束后测定土壤 NH_4^+–N 含量（详见实验 18）。

【结果计算】

$$土壤有机氮矿化速率（mg \cdot kg^{-1} \cdot d^{-1}）=（\omega_1 - \omega_2）\div d$$

式中：ω_1 为土壤培养后的 NH_4^+–N 含量（$mg \cdot kg^{-1}$）；ω_2 为土壤初始的 NH_4^+–N 含量（$mg \cdot kg^{-1}$）；d 为培养天数（d）。

【注意事项】

1. 由于大多数耕地土壤的铵态氮含量不高，所以可能无须测定土壤的初始铵态氮含量，但应该进行预实验，以确定土壤本身的铵态氮含量很低，可以忽略不计。

2. 样品的预处理还没有标准的方法。通常风干土壤和鲜土均可用于测定厌氧条件下的可矿化氮含量。

【思考题】

根据实验结果，分析厌氧条件下影响土壤可矿化氮含量以及氮素矿化速率的因素。

25-3　田间原位培养法

【实验目的】

掌握原位培养法 – 封顶埋管培养法测定土壤有机氮矿化速率的原理和方法。

【实验原理】

在野外，利用 PVC 管装置进行氮素矿化速率的测定。在选好的样地上，将 PVC 管垂直打入土中。在每一点同时取两管，一管带回实验室，分析土壤中初始无机氮含量（包括铵态氮和硝态氮）。另一管顶部用尼龙网布封住，底部用塑料布封住，放回原来位置继续培养。培养结束后，取回实验室分析土壤中铵态氮和硝态氮含量。根据培养前后无机氮变化值计算土壤氮矿化速率。

【实验器材与试剂】

1. 实验器材

PVC 管（长 10 cm，内径 5 cm），尼龙网（100 目），振荡机，4℃冰箱，半微量定氮蒸馏装置或者半自动凯氏定氮仪，半微量滴定管（5 mL）。

2. 实验试剂

参考土壤铵态氮和硝态氮含量制定所用试剂（见实验 18 和实验 19）。

【实验操作与步骤】

在选定的地点，先去除样点上层的凋落物，然后将 PVC 管垂直插入土中，土壤装满 PVC 管后，小心取出（防止管内土样撒出），再把 PVC 管顶部与底部分别用尼龙网和塑料布封好，这样不仅使 PVC 管中的土壤吸收降水，也可以使管中土壤矿化的氮素得以保留。把取出的 PVC 管编号之后放回原处。同时，在所埋的每个 PVC 管旁边垂直插入同样大小的 PVC 管，装满土壤后取出，装入封口袋中，带回实验室进行初始无机氮（包括铵态氮与硝态氮）的测定。培养时间根据研究目的确定。培养结束后再将 PVC 管中的土壤取出，及时带回实验室，置于 4℃冰箱冷藏并分析其无机氮含量（详见实验 18 和 19）。

【结果计算】
$$土壤有机氮矿化速率（mg \cdot kg^{-1} \cdot d^{-1}）=（\omega_2-\omega_1）\div d$$
式中：ω_2 为土壤培养后的 NH_4^+–N 和 NO_3^-–N 含量总和（$mg \cdot kg^{-1}$）；ω_1 为土壤初始的 NH_4^+–N 和 NO_3^-–N 含量总和（$mg \cdot kg^{-1}$）；d 为培养天数（d）。

【注意事项】
PVC 管顶部用尼龙网封口，不仅可以使降水通过尼龙网进入 PVC 管，还可以防止凋落物等外来有机物等进入 PVC 管；底部用塑料布封好，可以使 PVC 管中土壤矿化的氮素得以保留。

【思考题】
根据实验结果，分析原位培养条件下，影响土壤可矿化氮含量以及氮素矿化速率的因素。

实验 26　土壤微生物量碳和氮含量的测定

土壤微生物生物量是指土壤中单个细胞体积小于 $5 \sim 10~\mu m^3$ 的所有生命体，主要包括真菌、细菌、放线菌及原生动物等，它是土壤有机质中最活跃和最易变化的部分。由于微生物的主要组成元素 C、N、P、S 与土壤肥力、土壤质量、植物营养和生态环境等密切相关，因此常用微生物量碳、微生物量氮、微生物量磷、微生物量硫等概念来表征微生物量。同时，土壤微生物生物量与土壤中的 C、N、P、S 等元素的地球化学及生物化学循环转化过程关系密切，因此可以直接或间接反映土壤肥力和土壤环境质量的变化。目前土壤微生物生物量测定应用较为广泛的方法主要有氯仿熏蒸提取法、底物诱导法、三磷酸腺苷法及真菌麦角甾醇分析法等。

26–1　土壤微生物量碳含量的测定

土壤微生物量碳（MBC）是指土壤中活体微生物细胞内各种有机化合物的含碳总量，通常占微生物干物质的 40% ~ 50%，是反映土壤微生物生物量的重要微生物学指标。不同土壤的微生物量碳含量差异很大，每千克土中在几十至几千毫克的变化范围。总体而言，土壤微生物量碳主要受植被、土壤类型、土地利用、农业措施等因素的影响，并且存在季节性的变化。

【实验目的】
掌握氯仿熏蒸提取 – 重铬酸钾氧化法测定土壤微生物量碳的原理和方法。

【实验原理】
新鲜土壤经氯仿熏蒸处理 24 h 后，土壤微生物死亡，细胞破裂的内容物释放到土壤中，用浸提剂提取土壤含碳有机物，对比熏蒸土壤与未熏蒸土壤浸提的有机碳量的差值，通过浸提效率修正，从而计算出土壤微生物量碳含量。

【实验器材与试剂】

1. 实验器材

电子天平，恒温培养箱，真空干燥器，真空泵，土壤筛（孔径 2 mm），往复式振荡机，通风橱，消煮管，滤纸，0.45 μm 膜，1 L 分液漏斗，移液器或移液管，烧杯，三角瓶，容量瓶，碎瓷片或玻璃珠，酸式滴定管。

2. 实验试剂

（1）无水 K_2CO_3（分析纯）。

（2）氯仿（$CHCl_3$）：使用前必须将其中的乙醇去除。氯仿纯化过程：量取 500 mL 氯仿于 1 L 分液漏斗中，加入 50 mL 5% H_2SO_4 溶液，充分摇匀，弃除下层 H_2SO_4 溶液，如此进行 3 次。再加入 50 mL 去离子水，同上摇匀，弃去上部的水分，如此进行 5 次。将下层的氯仿转移到蒸馏瓶中，在 62℃ 水浴中蒸馏，馏出液存放在棕色瓶中，并加入约 20 g 无水 K_2CO_3，放入冰箱的冷藏室中保存备用。

（3）0.5 mol·L^{-1} K_2SO_4 溶液：准确称取 K_2SO_4（分析纯）87.10 g，溶于去离子水中，定容至 1 L。

（4）重铬酸钾溶液 $[c(\frac{1}{6}K_2Cr_2O_7)=0.1\ mol·L^{-1}]$：准确称取经 130℃ 下烘干 3～4 h 的重铬酸钾（$K_2Cr_2O_7$，分析纯）4.903 g，加少量去离子水溶解，然后洗入 1 L 容量瓶中定容。

（5）1 mol·L^{-1} NaOH 溶液：准确称取 20.0 g NaOH（分析纯）溶于去离子水中定容至 500 mL。

（6）邻啡罗啉指示剂：1.49 g 邻啡罗啉和 0.7 g $FeSO_4·7H_2O$ 溶于 100 mL 去离子水中，密闭保存于棕色瓶中。

（7）重铬酸钾基准溶液 $[c(\frac{1}{6}K_2Cr_2O_7)=0.05\ mol·L^{-1}]$：准确称取经 130℃ 烘干 3～4 h 的 $K_2Cr_2O_7$（分析纯）0.245 2 g 于 250 mL 烧杯中，用少量蒸馏水溶解，然后缓慢加入 3.5 mL 浓 H_2SO_4，冷却后定容至 100 mL，摇匀备用。

（8）0.05 mol·L^{-1} $FeSO_4$ 标准溶液：称取 13.9 g $FeSO_4·7H_2O$（分析纯）于 500 mL 去离子水中，缓缓加入 5 mL 浓 H_2SO_4，摇匀并定容至 1 L，储存于棕色瓶中。此溶液不稳定，需现用现配或使用前标定其浓度（需用重铬酸钾基准溶液来标定，参考实验 8）。

【实验操作与步骤】

1. 土壤熏蒸

称取相当于 25 g 烘干土质量的新鲜土壤 3 份（过 2 mm 孔径），分别置于 3 个 100 mL 的烧杯中，一起放入同一真空干燥器中，干燥器底部放置几张用水湿润的滤纸，同时分别放入装有 50 mL 1 mol·L^{-1} NaOH 溶液和装有约 50 mL 无乙醇氯仿的小烧杯（加入少量玻璃珠，防止暴沸）。用少量凡士林密封干燥器，用真空泵抽气到氯仿沸腾并保持至少 2 min。关闭干燥器的阀门，在 25℃ 的黑暗条件下放置 24 h。打开阀门，如果没有空气流动的声音，表示干燥器漏气，应重新称样进行熏蒸处理。确认干燥器不漏气时，分别取出装有 NaOH 溶液和氯仿的小烧杯，擦净干燥器底部，用真空泵反复抽气 5～6 次，每次 3 min，直到土壤没有氯仿气味为止。熏蒸的同时，称取等质量土壤 3

份，不进行熏蒸处理，放入另一真空干燥器中，在25℃的黑暗条件下放置24 h，作为对照处理。

2. 土壤浸提

熏蒸结束后，将烧杯中的土壤全部转入250 mL三角瓶中，加入0.5 mol·L^{-1} K$_2$SO$_4$溶液100 mL（土液比为1∶4），在25℃下振荡浸提30 min，振荡频率为300 r·min^{-1}，用中速定量滤纸过滤。同时做3个无土壤基质的空白试验。滤液立即测定或在-20℃下保存。

3. 重铬酸钾氧化滴定

用移液管吸取5.0 mL滤液放入消煮管中，加入3～4片（0.5 cm大小）经浓HCl处理过的碎瓷片或玻璃珠（防暴沸），准确加入重铬酸钾溶液5.0 mL，混均后再加入5.0 mL浓H$_2$SO$_4$，摇匀，将消煮管置于消煮仪器中，缓慢加热，在170～180℃沸腾回流10 min（或置消煮管于油浴消化装置中煮沸10 min）。待消煮管冷却后，将消煮液无损地转移到200 mL三角瓶中，用去离子水洗涤消煮管3～5次，使溶液体积约为80 mL，加入1～2滴邻啡罗啉指示剂，用0.05 mol·L^{-1} FeSO$_4$标准溶液滴定，溶液颜色由橙黄色变为蓝绿色，再变为棕红色即为滴定终点，记录FeSO$_4$标准溶液滴定体积。若有总有机碳（TOC）分析仪，将提取滤液过0.45 μm膜后，可直接上机测定样品有机碳含量。

【结果计算】

$$土壤有机碳含量（mg·kg^{-1}） = (V_0 - V_1) \times c \times 3 \times t_s \times 1\,000 \div m$$

式中：V_0为空白消耗的FeSO$_4$标准溶液体积（mL）；V_1为土壤样品消耗的FeSO$_4$标准溶液体积（mL）；c为FeSO$_4$标准溶液浓度（mol·L^{-1}）；3为1/4C的摩尔质量（g·mol^{-1}）；t_s分取倍数，100/5；1 000为g转换为kg的系数；m为烘干土样质量（kg）。

$$MBC = E_c / K_c$$

式中：MBC为土壤微生物量碳含量（mg·kg^{-1}）；E_c为熏蒸与未熏蒸土壤有机碳含量的差值（mg·kg^{-1}）；K_c为熏蒸提取法的转换系数，用氧化滴定法K_c值取0.38，TOC分析仪法取0.45。

【注意事项】

1. 氯仿熏蒸应在通风橱中进行。

2. 氯仿熏蒸后必须排尽残余氯仿。

3. 土壤微生物生物量用0.5 mol·L^{-1} K$_2$SO$_4$提取。高钾浓度的提取液使土壤絮凝，防止熏蒸释放的NH$_4^+$的吸附，相对较高的盐浓度也会抑制经过熏蒸后提取的微生物物质的分解。但是，提取液最好立即测定，否则需在-20℃下保存。冷冻样品需解冻后摇匀再测定。

4. 该方法根据土壤性质不同，在具体操作环节上应做适当调整，并根据实验条件计算实验结果。

5. 该方法不适宜pH < 4.5的土壤。

6. 在有机物含量大于20%的土壤中，例如堆肥，提取液与土壤的比例应增加到25∶1或更高。

【思考题】

1. 制备的提取液为什么最要尽快分析测定？

2. 为什么氧化滴定法转换系数 K_c 值采用 0.38，TOC 分析仪法采用 0.45？

26-2　土壤微生物量氮含量的测定

土壤微生物量氮是土壤中活体微生物细胞所含有的各种形态的氮素，仅占土壤有机氮总量的 1% ~ 5%，是土壤中最活跃的有机氮组分，其周转变化对土壤氮素循环及植物氮素营养起着重要作用。不同土壤中微生物量氮差异很大，高的达几百 $mg \cdot kg^{-1}$，低的不到几 $mg \cdot kg^{-1}$。土壤微生物量氮的影响因素和变化规律与微生物量碳基本一致，也存在季节性变化。

土壤微生物生物量氮的测定方法包括熏蒸培养法、氯仿熏蒸提取 – 全氮测定法、氯仿熏蒸提取 – 茚三酮比色法 3 种。这里仅介绍氯仿熏蒸提取 – 凯氏定氮法。

【实验目的】

掌握氯仿熏蒸提取 – 凯氏定氮法测定土壤微生物量氮的方法，明确土壤微生物量氮是土壤中有机 – 无机氮转化的一个重要环节。

【实验原理】

新鲜土壤经氯仿熏蒸处理 24 h 后，土壤微生物死亡，细胞破裂的内容物释放到土壤中，用浸提剂提取土壤含氮有机化合物，在催化、氧化反应过程中，使各种含氮有机化合物经过复杂的分解反应转化为铵态氮，铵态氮经碱化后，蒸馏出来的铵被硼酸溶液吸收，以甲基红 – 溴甲酚绿为指示剂，用标准酸溶液滴定，计算土壤提取的全氮含量。根据熏蒸土壤与未熏蒸土壤提取的全氮含量的差值，经过浸提效率修正，从而计算土壤微生物生物量氮。

【实验器材与试剂】

1. 实验器材

消煮炉，电热恒温培养箱，真空干燥箱或干燥器，摇床，凯氏定氮仪，硬质消化管，移液器或移液管，三角瓶，容量瓶。

2. 实验试剂

同凯氏定氮法测定土壤全氮方法相同，详见实验 17-1。

【实验操作与步骤】

1. 土壤熏蒸和浸提

见实验 26-1。

2. 浸提液消煮和测定

吸取 10 mL 浸提液于消化管中，加入混合加速剂 1.48 g，然后加入 4 mL 浓 H_2SO_4，摇匀。将消化管置于高温消煮炉上，340℃下消煮 3 h 至液体变清（呈淡蓝色），冷却后用半微量定氮蒸馏装置或半自动凯氏定氮仪测定浸提液中全氮含量。

【结果计算】

$$E_N = \frac{(V - V_0) \times C \times 14.0 \times t_s}{m} \times 1\,000$$

式中：E_N 为消煮液中全氮含量（$mg \cdot kg^{-1}$）；V 为滴定浸提液所消耗 H_2SO_4 或 HCl 标准溶液的体积（mL）；V_0 为滴定空白对照样所消耗 HCl 标准溶液的体积（mL）；c 为 HCl 标准溶液的浓度（$mol \cdot L^{-1}$）；14.0 为氮的摩尔质量（$g \cdot mol^{-1}$）；t_s 为分取倍数，100/10；m 为烘干土样质量（g）；1 000 为 g 转换为 kg 的系数。

$$MBN = (E_{N1} - E_{N0}) \div K_{EN}$$

式中：MBN 为土壤微生物量氮含量（$mg \cdot kg^{-1}$）；E_{N1} 为熏蒸土壤所提取的全氮含量（$mg \cdot kg^{-1}$）；E_{N0} 为未熏蒸土壤所提取的全氮含量（$mg \cdot kg^{-1}$）；K_{EN} 为氯仿熏蒸杀死的微生物体中的氮被 K_2SO_4 提取出来的比例，取值为 0.54（Brookes et al，1985）。

【注意事项】

同实验 26–1。

【思考题】

1. 制备的提取液为什么要尽快进行测定？
2. 为什么微生物量碳、氮的测定最好采用新鲜土样？

实验 27　土壤酶活性的测定

土壤酶是土壤生态系统代谢的重要动力之一，土壤中所进行的生物化学转化都依赖于土壤中的酶促反应。土壤中各种有机物质的分解、转化及合成一般都是在酶的作用下完成的。土壤酶活性与土壤的许多理化指标相关，酶的催化作用对土壤元素（包括 C、H、P、S 等）的循环与迁移有重要作用。土壤中很难区分土壤酶的来源，土壤酶绝大部分来自微生物，动物和植物也是来源之一，但土壤动物对土壤酶的贡献很有限。土壤酶活性是土壤肥力、土壤质量及土壤健康的重要指标。探讨土壤酶活性的变化，一定程度上可以反映微生物的活性、土壤中各种生物化学过程的强度和方向。

目前已发现土壤中的酶有 50 多种，这些土壤酶可分为两类，一类是与游离的增殖细胞相关的生物酶，主要分布在细胞的外表面；另一类是与活细胞不相关的非生物酶，主要包括在细胞生长和分裂过程中分泌的酶、细胞碎屑和死细胞中的酶、来自活细胞或细胞溶解进入土壤溶液的酶，它们存在于土壤黏粒内外表面和土壤腐殖质胶体内。土壤酶类按反应机制可划分为四类：水解酶类、氧化还原酶类、转移酶类和裂解酶，每一类酶中又包括许多种酶。不同的酶有不同的测定方法，这里介绍几种代表性土壤酶活性的测定方法。

27–1　荧光素二乙酸酯水解酶活性测定——比色法

土壤中广泛存在着荧光素二乙酸酯酶（FDA，Fluorescein diacetate），主要来源于土壤微生物细胞及部分植物残体，它可被广泛存在于土壤中的蛋白酶、脂肪酶和酯酶等非专一性酶类水解，发生酶促反应过程。无色荧光素二乙酸酯被游离酶和膜结合酶水解后释放出一种黄色的最终产物——荧光素，因此可用荧光法和分光光度法进行测定。FDA水解酶分析法被广泛认为是一种用于测定包括土壤在内的一系列环境样品中总微生物活性的方法（Schnurer and Rosswall，1982）。这里仅介绍用比色法测定 FDA 水解酶活性的方法。

【实验目的】

掌握用比色法测定土壤 FDA 水解酶活性的原理和方法。

【实验原理】

FDA 是一种无色化合物，在介质中能被许多土壤酶催化水解，并经脱水反应，产生其酶解终产物——黄色的荧光素，荧光素相对稳定，不易被分解，它在 490 nm 波长下具有强吸收峰，采用比色法来测定 FDA 水解酶活性大小。其反应式如下：

荧光素二乙酸酯　　　　　　　　　　　　　　　　荧光素

【实验器材与试剂】

1. 实验器材

电子天平，恒温培养箱或水浴锅，移液器，离心管，离心机，分光光度计，三角瓶，容量瓶。

2. 实验试剂

（1）丙酮（分析纯）。

（2）60 mmol·L^{-1} 磷酸钾缓冲液（pH7.6）：称取 17.4 g K_2HPO_4 和 2.6 g KH_2PO_4 溶于 500 mL 蒸馏水中，再转移至 2 L 的容量瓶中，用蒸馏水定容（在 4℃条件下储存，使用时测定 pH）。

（3）1 000 μg·mL^{-1} FDA 储存液：称取 0.1 g FDA 溶于约 40 mL 丙酮中，再转移至 100 mL 容量瓶，用丙酮定容（放置在 –20℃条件下储存，丙酮最好提前冷藏）。

（4）2 000 μg·mL^{-1} 荧光素储存液：称取 0.226 5 g 荧光素钠（fluorescein sodium salt）溶于 40 mL 60 mmol·L^{-1} 磷酸钾缓冲液中，再转移至 100 mL 容量瓶，用磷酸钾缓冲液定容（在 4℃条件下储存）。

（5）20 μg·mL^{-1} 荧光素标准液：取 2 000 μg·mL^{-1} 荧光素储存液 1 mL 于 100 mL 容量瓶中，用 60 mmol·L^{-1} 磷酸钾缓冲液定容。

【实验操作与步骤】

1. 样品制备与分析

称取过 2 mm 孔径的新鲜土样 1~2 g 于 100 mL 三角瓶中，加 20 mL 磷酸钾缓冲液充分振荡，再加入 0.1 mL 1 000 μg·mL^{-1} FDA 储存液，摇匀，盖紧瓶塞。25℃下培养

2 h后，取出加入 2 mL 丙酮，用手充分振荡，过滤混合物或将其全部转移至 50 mL 离心管，4 000 r·min^{-1} 离心 4 min，取上清液在 490 nm 处测定吸光度值。

2. 标准曲线绘制

分别取 20 μg·mL^{-1} 荧光素标准液 0、2.5 mL、5.0 mL、7.5 mL、10 mL、12.5 mL 置于 50 mL 容量瓶中，用 60 mmol·L^{-1} 磷酸钾缓冲液定容，得到相应的 0、1.0 μg·mL^{-1}、2.0 μg·mL^{-1}、3.0 μg·mL^{-1}、4.0 μg·mL^{-1}、5.0 μg·mL^{-1} 荧光素标准液。在波长 490 nm 处比色，以吸光度值为纵坐标，以浓度为横坐标，绘制标准曲线。

【结果计算】

$$FDA 水解酶活性（μg 荧光素·g 干土^{-1}·2 h^{-1}）= \rho \times V \div m$$

式中：ρ 为从标准曲线求得的样品荧光素的含量（μg·mL^{-1}）；V 为土样溶液体积（mL）；m 为烘干土样的质量（g）。

【注意事项】

1. 加入丙酮不仅可以终止酶的反应，还可以溶解细胞膜，以促进荧光素提取来自微生物细胞的数量。

2. 根据待测土壤性质，测定时可能需要优化土壤质量、底物浓度和培养时间。

3. FDA 水解酶在酸性和碱性条件下易发生水解，因此该酶的测定必须在中性条件下进行。

4. 因为 FDA 在较高的温度下发生化学水解，测定时反应温度为 25℃。为避免底物水解，底物溶液应在 −20℃ 存储。在 4℃ 或室温下，当溶液放置时间较长时容易发生水解。

5. 土壤中大量的重金属可能对此方法产生干扰。

【思考题】

FDA 水解酶活性测定主要受哪些因素的影响？应注意什么问题？

27-2　脲酶活性测定——靛酚比色法

土壤中的脲酶（urease）主要来源于微生物和植物，是酰胺水解酶的一种，作用极为专性，仅能水解尿素。土壤脲酶活性与土壤微生物数量、有机质、全氮和速效氮含量呈正相关，脲酶活性常用来表征土壤的氮素状况。测定脲酶的方法主要有比色法、电极法、扩散法（滴定分析法）、^{14}C 标记法。这里主要介绍靛酚比色法，该法测定结果具有准确性高、重现性好、操作简便等优点。

【实验目的】

掌握用靛酚比色法测定土壤脲酶活性的原理和方法。

【实验原理】

脲酶是一种高度专性的酶，它能酶促尿素水解，形成氨、CO$_2$ 和水，其反应式为：

$$CO(NH_2)_2 + H_2O \xrightarrow{\text{脲酶}} CO_2 \uparrow + 2NH_3$$

因此，可以测定产生的氨量或二氧化碳的量，或测定基质尿素的残留量，以表示脲酶的活性。靛酚比色法是以尿素为底物，根据酶促产物氨与苯酚 – 次氯酸钠作用（在碱性溶液中及在亚硝基铁氰化钠催化剂作用下）生成蓝色的靛酚，其颜色深浅与氨含量相关，通过比色法来计算脲酶活性。

【实验器材与试剂】

1. 实验器材

恒温培养箱或恒温水浴锅，分光光度计，三角瓶，容量瓶。

2. 实验试剂

（1）柠檬酸盐缓冲液（pH6.7）：称取 184 g 柠檬酸（分析纯）溶于 300 mL 蒸馏水中；另称取 147.5 g KOH（分析纯）溶于 500 mL 蒸馏水，将两种溶液混合，再用 1 mol·L^{-1} NaOH 溶液将 pH 调至 6.7，用蒸馏水定容至 1 L。

（2）苯酚钠溶液：称取 62.5 g 苯酚溶于少量 95% 乙醇中，加入 2 mL 甲醇和 18.5 mL 丙酮，然后用 95% 乙醇稀释至 100 mL（A 液）；称取 27 g NaOH 溶于 100 mL 蒸馏水中（B 液），将两溶液保存在冰箱中。使用前，取 A、B 两液各 20 mL 混合，并用蒸馏水稀释，定容至 100 mL 备用。

（3）0.9% NaClO 溶液：称取 1.9 g NaClO（分析纯），用蒸馏水定容至 1 L。

（4）100 g·L^{-1} 尿素溶液：称取 100 g 尿素［$CO(NH_2)_2$，分析纯］溶于 1 L 蒸馏水。

（5）甲苯（分析纯）。

（6）100 μg·mL^{-1} $(NH_4)_2SO_4$ 标准储备液：准确称取 0.4717 g 于 105 ± 2℃ 烘 2 h 的 $(NH_4)_2SO_4$（优级纯）溶于蒸馏水，定容至 1 L（1 mL 含 0.1 mg 氮）。绘制标准曲线时再将此液稀释 10 倍（1 mL 含 0.01 mg 氮）使用。

【实验操作与步骤】

1. 样品制备

称取过 1 mm 孔径、相当 5.0 g 风干土的新鲜土样置于三角瓶中，加 2 mL 甲苯，处理 15 min 后加入 10 mL 100 g·L^{-1} 尿素溶液和 20 mL 柠檬酸盐缓冲液，摇匀后在 38℃ 恒温培养箱中培养 3 h。与此同时，设置无土壤对照（不加土样，试剂添加同上）和无基质对照（对每一土样设置用等体积的水代替试剂溶液）的测定。培养的土样过滤后，取 1~3 mL 滤液注入 50 mL 容量瓶中，加入蒸馏水至 20 mL，加 4 mL 苯酚钠溶液，再加 0.9% NaClO 溶液 3 mL，将混合物充分混匀，静置 20 min 后显色，定容，1 h 内在分光光度计上于波长 578 nm 处比色测定。

2. 标准曲线绘制

吸取 0.01 mg·mL^{-1} 的 $(NH_4)_2SO_4$ 标准溶液 0、2 mL、4 mL、6 mL、8 mL、12 mL、16 mL 于 50 mL 容量瓶中，然后加蒸馏水至 20 mL，再加 4 mL 苯酚钠溶液和 3 mL NaClO 溶液，边加边摇匀。20 min 后显色定容，得到相应的 0、0.4 μg·mL^{-1}、0.8 μg·mL^{-1}、1.2 μg·mL^{-1}、1.6 μg·mL^{-1}、2.4 μg·mL^{-1}、3.2 μg·mL^{-1} $(NH_4)_2SO_4$ 标准溶液。1 h 内在分光光度计上于波长 578 nm 处比色。以吸光度值为纵坐标，以标准溶液浓度为横坐标绘制标准曲线。

【结果计算】

脲酶活性［mg NH$_4$ – N·(g 干土·3 h)$^{-1}$］= $(\rho_{样品} - \rho_{无土} - \rho_{无基质}) \times V \times t_s \div m$

式中：ρ 为由标准曲线求得的样品 NH_4-N 的含量（$mg \cdot mL^{-1}$）；V 为显色液体积，50 mL；t_s 为分取倍数；m 为烘干土样质量（g）。

【注意事项】

1. 对每一个土样应考虑做一个无基质对照，设置用等体积的水代替试剂溶液，以排除土壤中原有的铵含量对实验结果的影响。

2. 整个实验设置无土对照，以检验试剂纯度和基质自身分解。

3. 如果样品吸光度值超过标准曲线的最大值，则应该增加分取倍数或减少培养的土壤。不同土壤脲酶活性差异较大，测定时可能需要优化土壤质量（称样量）、底物浓度（分取倍数）和培养时间，以获得理想的实验结果。

【思考题】

1. 为什么在土壤培养前要加入甲苯处理土壤？

2. 如果制备的样品吸光度值超过标准曲线的最大值，应如何做调整？

27-3 磷酸酶活性测定——对-硝基苯磷酸盐法

磷酸酶（phosphatase）是能够催化磷酸酯类化合物水解的一系列酶的统称。根据作用底物的不同可分为磷酸单酯酶、磷酸二酯酶、磷酸三酯酶等。磷酸单酯水解酶包括肌醇六磷酸酶、核酸磷酸酶、糖磷酸酶和甘油磷酸酶等。催化磷脂水解的磷酯酶属于磷酸二酯酶、磷酸三酯酶等。由于磷酸单酯酶与有机磷的矿化及植物的磷素营养关系密切，因此研究最多的磷酸酶是磷酸单酯酶，它可以将磷酸单酯转化为植物能够吸收的无机磷酸盐。磷酸单酯酶的活性受土壤 pH、温度、有机质和水分含量等影响很大，如干燥显著降低了酶活性，土壤再湿润又能提高酶的活性。土壤磷酸酶对土壤有机磷的矿化起着主要作用，其活性大小是评价土壤磷素生物转化方向与强度的指标，可表征土壤的肥力状况。

根据磷酸单酯酶催化反应的最适 pH，将其分为酸性磷酸酶（pH 4～6.5）和碱性磷酸酶（pH 8～10），前者主要存在于酸性土壤，后者多见于碱性土壤。测定磷酸单酯酶活性的方法因所用的底物不同，以及由此产生的水解产物的测定方法不同而有区别。这里介绍对-硝基苯磷酸盐法测定磷酸单酯酶的活性。

【实验目的】

掌握用对-硝基苯磷酸盐法测定土壤磷酸单酯酶活性的原理和方法。

【实验原理】

磷酸单酯酶能够水解对硝基苯磷酸盐，当它们被酶促水解时，生成了无机磷和基质的有机基团（反应式如下）。因此，测定磷酸酶活性是测定基质水解后的无机磷或酚的含量，这里测定的是产生的酚含量。土壤样品与对-硝基酚磷酸钠或磷酸苯二钠溶液培养一定时间后，水解产生的对-硝基苯酚或苯酚通过比色法测定。因对-硝基苯酚与磷酸酶活性在一定范围内呈线性关系，可计算出磷酸单酯酶的活性。酸性和碱性磷酸酶的活性可通过控制反应的 pH 来分别测定。测定酸性磷酸酶活性时溶液的 pH 为 6.5，碱性磷酸酶的 pH 为 11。

$$R-O-\overset{\overset{\displaystyle ONa}{|}}{\underset{\underset{\displaystyle ONa}{|}}{P}}=O \xrightarrow[+H_2O]{磷酸酶} R-OH+Na_2HPO_4$$

【实验器材与试剂】

1. 实验器材

恒温培养箱或恒温水浴锅，分光光度计，三角瓶，容量瓶。

2. 实验试剂

（1）甲苯（分析纯）。

（2）通用缓冲贮备液（MUB）：称取 12.1 g 三羟甲基氨基甲烷（$C_4H_{11}NO_3$）、11.6 g 顺丁烯二酸（$C_4H_4O_4$）、14.0 g 柠檬酸（$C_6H_8O_7$）和 6.3 g 硼酸（H_3BO_3）溶于 500 mL 的 1 mol·L^{-1} NaOH 溶液中，然后用去离子水定容至 1 L，于 4° 冰箱贮存。

（3）pH 6.5 的 MUB 缓冲液：取 200 mL MUB 贮备液，在持续搅拌中滴加 0.1 mol·L^{-1} HCl 调节溶液 pH 至 6.5，再用去离子水定容至 1 L。

（4）pH 11 的 MUB 缓冲液：取 200 mL MUB 贮备液，在持续搅拌中滴加 0.1 mol·L^{-1} NaOH 调节溶液 pH 至 11，再用去离子水定容至 1 L。

（5）15 mmol·L^{-1} 对 – 硝基酚磷酸二钠溶液（PNP）：称取 2.927 g 对 – 硝基酚磷酸二钠（$C_6H_4NNa_2O_6P$，分析纯）溶于 40 mL MUB 溶液（pH 6.5 或 11.0）中，用相同的 pH 缓冲液稀释至 50 mL，于 4℃冷藏保存。

（6）0.5 mol·L^{-1} $CaCl_2$ 溶液：称取 73.5 g $CaCl_2$·$2H_2O$（分析纯）溶于少量去离子水中，然后定容至 1 L。

（7）0.5 mol·L^{-1} NaOH 溶液：称取 20 g NaOH 到 700 mL 的去离子水中，然后定容至 1 L。

（8）1 mg·mL^{-1} 对 – 硝基苯酚标准溶液：称取 0.200 0 g 对 – 硝基酚（$C_6H_5NO_3$，分析纯）溶于少量去离子水中，定容至 200 mL，于 4℃冷藏保存备用。

【实验操作与步骤】

1. 样品制备与分析

称取过 2 mm 孔径的新鲜土壤 1.00 g 于 50 mL 三角瓶中，加 0.25 mL 甲苯、4 mL MUB 缓冲液（酸性磷酸酶用 pH6.5 缓冲液，碱性磷酸酶用 pH 11.0 缓冲液）和 1 mL 对 – 硝基酚磷酸二钠溶液，塞上瓶塞摇匀。在 37℃下培养 1 h，然后加 1 mL 0.5 mol·L^{-1} $CaCl_2$ 溶液和 4 mL 0.5 mol·L^{-1} NaOH 溶液，充分混匀后立即过滤或离心，在 400～420 nm 处进行比色，测定溶液的吸光度值（黄色）。同时做空白对照，1.00 g 新鲜土样中先加入 0.25 mL 甲苯、1 mL 0.5 mol·L^{-1} $CaCl_2$ 溶液和 4 mL 0.5 mol·L^{-1} NaOH 溶液后，再加 1 mL 15 mmol·L^{-1} 对 – 硝基酚磷酸二钠溶液，摇匀后迅速过滤，比色，每个样品重复 3 次。

2. 标准曲线绘制

取 1 mg·mL^{-1} 对 – 硝基苯酚标准溶液 1 mL 于 100 mL 容量瓶中，用去离子水定容至刻度。分别吸取该稀释液 0、1 mL、2 mL、3 mL、4 mL、5 mL 于 50 mL 容量瓶中（分别含 0、1 μg·mL⁻¹、2 μg·mL⁻¹、3 μg·mL⁻¹、4 μg·mL⁻¹、5 μg·mL⁻¹ 的对–硝基苯酚），加去离子水稀释至 5 mL，然后加 1 mL 0.5 mol·L⁻¹ CaCl₂ 溶液和 4 mL 0.5 mol·L⁻¹ NaOH 溶液，充分混匀后过滤，在 400～420 nm 下比色测定。以吸光度为纵坐标，以标准溶液浓度为横坐标绘制标准曲线。

【结果计算】

土壤磷酸酶活性 [μg 对–硝基苯酚·(g 干土·h)⁻¹] = ($c_{样品}$ − $c_{无土}$) × V ÷ m

式中：c 为由标准曲线求得的样品对–硝基苯酚含量（μg·mL⁻¹）；V 为土壤溶液体积（mL）；m 为烘干土样质量（g）。

【注意事项】

1. 土壤样品长时间存放会影响酶的活性，所以要及时测定。

2. 为终止酶促反应，培养结束后应迅速过滤或离心。

3. 测定酸性或碱性土壤磷酸酶时，需要使用相应的 pH 缓冲液才能获得该土壤磷酸酶的最大活性。

4. 磷酸根的存在对磷酸单酯酶的活性有竞争抑制作用，此外重金属和微量元素也会抑制磷酸单酯酶的活性。

【思考题】

1. 为何测定酸性、中性和碱性土壤的磷酸酶要采用不同 pH 缓冲液？

2. 土壤磷酸单酯酶的活性受哪些因素的影响较大？

27–4 脱氢酶活性测定——TTC 比色法

脱氢酶（dehydrogenase）正式名称是 AH：B 氧化还原酶，它能在酶促一定的基质中脱出氢而进行氧化作用。脱氢酶广泛存在于动植物组织和微生物细胞内，它可通过转移电子和质子催化多种有机物的氧化。脱氢酶的种类因电子供给体和接受体的特异性而不同，某些脱氢酶能将氢直接传递给分子态氧，而另一些则是传递给某些受体如甲基蓝等，单位时间内脱氢酶活化氢的能力表现为它的酶活性。脱氢酶活性在土壤有机质的氧化还原反应过程中发挥着重要作用。这里介绍氯化三苯基四氮唑（TTC）分光光度法测定土壤脱氢酶的活性。

【实验目的】

了解 TTC 比色法测定土壤脱氢酶活性的原理和方法。

【实验原理】

氢受体 2,3,5–氯化三苯基四氮唑（TTC）在土壤脱氢酶催化作用下，无色的 TTC 受氢后被还原为红色的三苯基甲䐶（TPF），该产物在 485 nm 处具有特征吸收峰，TPF 与脱氢酶活性在一定范围内成线性关系，通过计算 TPF 的生成量求出土壤脱氢酶的活性。基质的反应过程如下：

三苯基四氮唑氯化物（无色）　　　　　　　　三苯基甲䐶（红色）

【实验器材与试剂】

1. 实验器材

摇床，恒温培养箱，移液器（10 mL），分光光度计，振荡机，铝箔纸，试管，三角瓶，容量瓶。

2. 实验试剂

（1）甲醇（分析纯）。

（2）2 mol·L^{-1} Tris：称取 24.22 g 三羟甲基氨基甲烷（Tris），加水定容至 100 mL。

（3）1 mol·L^{-1} HCl：吸取 42 mL 浓 HCl，缓慢注入盛有蒸馏水的容量瓶中，稀释定容至 500 mL。

（4）0.5 mol·L^{-1} Tris–HCl 缓冲液（pH7.6）：2 mol·L^{-1} Tris 溶液 50 mL 与 1 mol·L^{-1} HCl 溶液 75 mL 混合，加蒸馏水定容至 200 mL。

（5）5 g·L^{-1} TTC 溶液：0.5 g TTC 溶于 0.5 mol·L^{-1} Tris–HCl 缓冲液中，定容至 100 mL。

（6）TPF 标准溶液：50 mg TPF（C$_{19}$H$_{16}$N$_{14}$）溶于 40 mL 甲醇，用甲醇定容至 50 mL，摇匀。取 10 mL 此溶液用甲醇稀释至 100 mL，即得 100 μg·mL^{-1} TPF 标准溶液。

【实验操作与步骤】

1. 样品制备与分析

称取三份过 2 mm 孔径的新鲜土样 5.00 g 于 200 mL 三角瓶中，每管中加 5 g·L^{-1} TTC 溶液 5 mL，充分混匀。同时设置对照，在对照试管中加入 0.5 mol·L^{-1} Tris–HCl 缓冲液 5 mL 以代替土壤与 TTC 溶液。将三角瓶塞紧瓶口，37℃避光培养 6 h 后，用 100 mL 甲醇提取，在振荡机上浸提 1 h，过滤。滤液用分光光度计在波长 485 nm 处比色测定，以甲醇做空白对照。

2. 标准曲线绘制

分别吸取 100 μg·mL^{-1} TPF 标准溶液 0、5 mL、10 mL、15 mL、20 mL 于 100 mL 容量瓶中，用甲醇稀释定容（分别含 0、5 μg·mL^{-1}、10 μg·mL^{-1}、15 μg·mL^{-1}、20 μg·mL^{-1} 的 TPF），摇匀后于 485 nm 处比色，绘制 TPF 标准曲线。

【结果计算】

$$土壤脱氢酶活性 [μg\,TPF·(g·6\,h)^{-1}] = \rho \times V \div m$$

式中：ρ 为由标准曲线求得的样品中 TPF 的含量（μg·mL^{-1}）；V 为滤液体积（mL）；m 为烘干土样质量（g）。

【注意事项】

1. TTC 和 TPF 对光都较为敏感，应在黑暗条件下存放，TTC 的存放时间最好不超过 7 d。实验过程中样品的培养和过滤应在黑暗中进行。

2. 由于甲苯对土壤脱氢酶活性有显著的抑制作用，本方法不采用甲苯作抑菌剂。

【思考题】

土壤脱氢酶的活性受哪些因素的影响较大？

27-5　过氧化氢酶活性测定——比色法

过氧化氢（H_2O_2）广泛存在于生物体和土壤中，它是由生物呼吸过程和有机物的生物化学氧化反应结果产生的，对生物和土壤具有毒害作用。在生物体和土壤中都存在过氧化氢酶（catalase），能促进过氧化氢分解为 H_2O 和 O_2 的反应，从而降低了过氧化氢的毒害作用。土壤中过氧化氢酶活性与土壤呼吸强度和微生物活动相关，在一定程度上反应了土壤微生物学过程的强度。

测定过氧化氢酶活性的方法有滴定法、气量法、比色法、气相色谱法和酶标仪法等。与其他方法相比，比色法具有重现性好、稳定、操作简单、适宜批量分析、便宜等优点。这里重点介绍比色法测定土壤过氧化氢酶活性的方法。

【实验目的】

掌握用比色法测定土壤过氧化氢酶活性的原理和方法。

【实验原理】

根据土壤在过氧化氢酶作用下产生的 O_2 体积或 H_2O_2 的消耗量，测定 H_2O_2 的分解速度，以此代表过氧化氢酶的活性。具体原理是：过氧化氢酶能够催化 H_2O_2 分解生成 H_2O 和 O_2。通过加入过量的 H_2O_2 与土壤作用一段时间后，根据反应过程中被酶催化反应 H_2O_2 的消耗量来测定该酶的活性。H_2O_2 在 240 nm 处具有吸收峰，通过测定土壤反应溶液的吸光度值，即可测得溶液中 H_2O_2 的浓度，从而计算酶的活性。

$$H_2O_2 \longrightarrow H_2O + O_2$$
$$2KMnO_4 + 5H_2O_2 + 3H_2SO_4 \longrightarrow 2MnSO_4 + K_2SO_4 + 8H_2O + 5O_2\uparrow$$

【实验器材与试剂】

1. 实验器材

紫外分光光度计，振荡机，恒温培养箱，移液器，电炉，烧杯，G4 玻璃纱芯漏斗，容量瓶，表面皿，三角瓶。

2. 实验试剂

（1）0.3% H_2O_2 溶液：吸取 30% H_2O_2，稀释 100 倍即可，溶液浓度用 $KMnO_4$ 溶液标定。

（2）1.5 mol·L^{-1} H_2SO_4 溶液：吸取 42 mL 浓 H_2SO_4，稀释后定容至 500 mL。

（3）饱和铝钾矾：铝钾矾即明矾 [$KAl(SO_4)_2 \cdot 12H_2O$] 在 20℃溶解度为 10.84 g，30℃的溶解度为 15.41 g。

（4）0.02 mol·L^{-1} $KMnO_4$ 溶液：称取 1.6 g 高锰酸钾（$KMnO_4$，分析纯）溶于 500 mL

烧杯中，加入 520 mL 蒸馏水溶解，盖上表面皿，在电炉上加热至沸，缓缓煮沸 15 min，冷却后置于暗处静置数天，然后用 G4 玻璃纱芯漏斗（该漏斗预先以同样浓度的 $KMnO_4$ 溶液缓缓煮沸 5 min）过滤，除去 MnO_2 等杂质，溶液贮存于干燥且具有玻璃塞的棕色试剂瓶中（试剂瓶用 $KMnO_4$ 溶液洗涤 2～3 次）待标定。

（5）$KMnO_4$ 溶液的标定：准确称取 0.15～0.20 g（准确度至 0.000 1 g）基准物质草酸钠（$Na_2C_2O_4$），置于 250 mL 锥形瓶中，加入 30 mL 蒸馏水溶解，并加入 1.5 mol·L^{-1} H_2SO_4 溶液 20 mL，加热到 75～85℃，趁热用待标定的 $KMnO_4$ 溶液滴定，滴定至溶液呈粉红色且 30 s 不退色即为终点。

$$c = \frac{m \times 1\,000}{M \times (V_1 - V_2)} \times \frac{2}{5}$$

式中：c 为 $KMnO_4$ 标准滴定溶液的浓度（mol·L^{-1}）；V_1 为基准物质滴定时消耗 $KMnO_4$ 标准溶液的体积（mL）；V_2 为空白消耗 $KMnO_4$ 标准溶液的体积（mL）；m 为草酸钠的质量（g）；M 为草酸钠的摩尔质量，134.0 g·mol^{-1}；高锰酸钾标准溶液：取标定后的高锰酸钾溶液，稀释 10 倍用于 H_2O_2 溶液的标定。

【实验操作与步骤】

称取过 1 mm 筛孔的风干土样 2.00 g 于三角瓶中，加入 40 mL 蒸馏水、5 mL 0.3% H_2O_2 溶液，在振荡机上振荡 20 min。取下后迅速加入饱和铝钾矾 1 mL，立即过滤于盛有 5 mL 1.5 mol·L^{-1} H_2SO_4 溶液的三角瓶中，全部过滤后摇匀，将滤液在 240 nm 处用 1 cm 石英比色皿测定吸光度。同时做无土和无基质对照实验。

【结果计算】

$$E = \frac{A_e \times m}{m_1}, \quad A_e = A_0 - A_s + A_k, \quad m = \frac{c \times V}{A_0} \times \frac{51}{V_0} \times M$$

式中：E 为土壤过氧化氢酶活性［mg H_2O_2·(g·20 min)$^{-1}$］；A_e 为吸光度值；m 为 H_2O_2 的质量（mg）；m_1 为烘干土质量（g）；A_0 为无土对照即空白溶液的吸光度值；A_s 为样品溶液的吸光度值；A_k 为无基质对照溶液的吸光度值；c 为 $KMnO_4$ 溶液的浓度（mol·L^{-1}）；V 为吸取 V_0 的无土对照即空白溶液用 $KMnO_4$ 滴定所消耗的 $KMnO_4$ 溶液的体积（mL）；V_0 为无土对照空白溶液的体积（mL）；51 为加入的蒸馏水和各种试剂的体积之和（mL）；M 为 H_2O_2 的摩尔质量，即 17 g·mol^{-1}。

【注意事项】

将土壤风干会降低过氧化氢酶的活性。样品存放时间越长，酶活性降低越多，所以应及时测定，如需保存，则应置于 4℃冰箱。

【思考题】

1. H_2O_2 浓度过高对过氧化氢酶活性产生什么影响？
2. 土壤过氧化氢酶活性变化与哪些因素有关？

第8章
野外土壤剖面观察和描述

土壤剖面描述是土壤野外调查工作中的重要组成部分。由地表向下的垂直断面被称为土壤剖面，其深度一般达到基岩或达到地表沉积体的相当深度为止（图8-1）。土壤剖面是反映自然成土因素和人类活动对土壤影响的一面镜子，是土壤内在形态的外在表现，它记录了土壤形成中所发生的物理、化学和生物过程的一些痕迹。因此，对土壤剖面形态和性状特征进行详细地观察和描述，不仅有助于了解土壤形成、演化及其与环境因素的关系，也是了解土壤农业生产特性的重要手段。土壤剖面的观察和研究是土壤分类、土壤利用和改良的基础性工作。

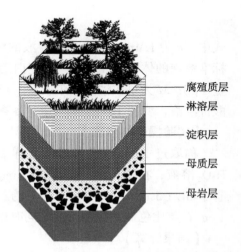

腐殖质层
淋溶层
淀积层
母质层
母岩层

图 8-1　发育完全的土壤剖面模式图

8.1　土壤剖面研究的目的

主要有以下几方面：①帮助理解土壤剖面构造、土壤剖面的分化、土壤形态特征；②掌握观察和描述土壤剖面形态的基本方法；③观察了解土壤发育与土壤形成因素之间的关系；④判断土壤肥力高低，为土壤的利用和改良提供依据；⑤掌握分层采集土样的方法。

8.2　调查地点成土条件的资料收集

在进行详细的野外土壤调查前，必须对调查区域的地形地貌、植被、土壤、农业生产等现状有基本了解。资料收集要注意信息来源的可靠性，收集的资料包括以下几个方面：

（1）气候因素

收集气温、降水量、蒸发量、霜期、风速等气象资料，以及水、旱、涝等自然灾害发生情况。

（2）地形地貌

地貌通常可分为山地、丘陵、河谷、冲积平原、盆地等。要记载观察研究地点的地貌类型、海拔高度和相对高度，研究地点的坡度、坡向、坡长以及小地形特征。观察和记录土壤侵蚀状况（侵蚀方式和程度、引起侵蚀的原因）、地形的破碎程度等。

（3）母质

成土母质可以分为残积物、坡积物、洪积物、冲积物、冰碛物、风积物、黄土及黄土状沉积物等。根据地形地貌特点、堆积物颗粒特征对研究地点的成土母质类型进行描述，必要时收集成土母质的样本，进行室内分析。

（4）土壤的排水及灌溉情况

观察地表水的有无及其状况，调查地下水埋深、灌溉情况、现有的灌溉系统或者发展灌溉的可能性。记载该地区的排水情况。

（5）自然植被和栽培作物

了解研究区域的自然植被和人工植被的类型。对自然植被，要观察记录植被盖度、群落组成、植被高度、木本植物郁闭度、林下植物生长情况等。了解植被的放牧及其他利用情况，测定或者定性描述凋落物厚度。在调查耕地土壤时，要记载作物种类及其生长情况和轮作制度等。

（6）农业生产状况调查

社会经济活动对自然土壤的性质有很大影响，因此在野外调查时，要充分了解土壤农业生产历史、土地利用现状、耕作和种植制度、施肥和灌溉制度等。要特别注意不同农业技术措施和耕作历史与土壤熟化的关系。

8.3 采样工具和实验器材的准备

测定地理坐标和海拔的实验器材。坡度坡向仪，土铲，标尺，削土刀，螺丝刀，钢卷尺（2 m），土壤紧实度仪，放大镜，白瓷板，门赛尔比色卡，pH 比色卡，环刀，铝盒，标本盒，剖面标尺，相机，土壤样品袋，标签纸，记录表格，记录笔，以及其他必要的实验器材（如盐分速测仪，便携式 pH 计，土壤养分速测仪，渗水速率测定仪）和化学试剂等。

8.4 野外土壤的调查和研究

8.4.1 土壤剖面的选择和挖掘

（1）土壤剖面位置的选择原则：①研究对象（所考察的土壤类型）要有代表性。有比较稳定的土壤发育条件，即具备有利于该土壤主要特征发育的环境，通常要求小地形平坦和稳定，在一定范围内土壤剖面具有代表性，能反映所研究土壤的性质。②不宜在严重侵蚀、塌方和堆积的位置，不宜在路旁、住宅四周、沟渠边、肥堆点、废弃物堆放点附近等受人为扰动很大而没有代表性的地段挖掘剖面。

（2）土壤剖面的挖掘：在选择的位置，从地面垂直向下挖掘一个长 1.5～2 m、宽 1 m 的土坑。深度则视土壤情况而定，土层薄的土壤要求挖到基岩或风化壳，通常只有几十厘米。如果土层比较厚，一般挖到 1～1.5 m 深度（草本植物根系能够到达的深度）。土坑内的观察面（即土壤剖面）朝向阳光照射的方向。在观察面的对面留出便于人员上下土坑的台阶。

挖掘土壤剖面时应注意以下几点：①一般将朝阳的一面挖成垂直的坑壁，而与之相对的坑壁挖成每阶为 30～50 cm 的阶梯状，以便上下操作（图 8-2）。在山区或林区，由于山地坡向或条件限制，不可能见到直射光线的则为例外。②挖出的表土和底土应分别堆放在土坑的两侧，以便观察与记载结束后分层填回，防止打乱土层影响土壤肥力，特别是农田更应如此。③观察面的上方不应堆土或任意走动踩踏，以免破坏表层结构，影响剖面形态的描述及取样。

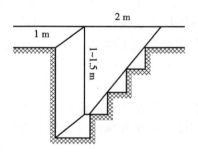

图 8-2　土壤剖面挖掘

8.4.2　土壤剖面形态特征观察与描述

形态特征是指在土壤剖面上可以观察到的或者通过一些简单方法可以鉴别的土壤性质。形态特征在土壤剖面上一般随深度的增加而变化。不同土壤类型之间的差异首先表现为形态特征的差异。主要的剖面形态特征有土壤颜色、质地、结构、紧实度、新生体、侵入体、根系分布、石灰反应等。

研究土壤形态特征是野外土壤工作的一个重要环节。土壤形态特征，一方面表现它和周围环境条件之间的关系，另一方面表现在土壤形成过程中所发生的物理、化学以及生物学的变化。通过这些形态特征的观察，可以判断土壤形成过程的方向，进而也能决定其农业生产特点和改良途径。通过土壤剖面形态的研究，了解每种土壤特性之后，才能有根据地找出不同土壤类型分布区域之间的界线，绘制土壤类型分布图。

（1）土壤剖面层次划分

首先在剖面坑上面观察，依据土壤的颜色、质地、结构、根系的分布情况将剖面进行划分，然后进入剖面坑内详细观察，进一步确定层次，最后用剖面刀将各土层分别划出，于剖面记载表上分别记录各层起止深度。

自然土壤（未开垦利用的草原土壤和森林土壤）的不同土层的分化是成土过程作用的

产物，所以也称为土壤发生层。自然土壤剖面一般根据发育程度，可分为 A、B、C 三个基本发生层次（图 8-3），有时还可见母岩层（图 8-1）。当剖面挖好以后，首先根据形态特征，把整个土壤剖面划分出 A、B、C 层，然后在各层中分别进一步细分和描述。

土层详细划分时，要根据土层的过渡情况确定和命名过渡层：

① 根据土层过渡的明显程度，可分为明显过渡和逐渐过渡。

② 兼有两种主要发生层特性的土层，其代号用两个大写字母联合表示，过渡层的命名可根据主次划分，将表示具有主要特征的土层字母放在前面，如 AB 层或 BA 层。

③ 若来自两种土层的物质互相交错，且可以明显区分出来，则以斜线分隔号"/"表示，如 E/B、B/C。两种主要发生层土层颜色不匀，呈舌状过渡，看不出主次，可用 AB 表示。

④ 反映淀积物质，则用英文小写字母并列置于主要发生层大写字母之后，表示发生层的特性，如腐殖质淀积 Bh，黏粒淀积 Bt，铁质淀积 Bir 等。

农业土壤受耕作、施肥、灌溉等人为活动的深刻影响，土壤剖面一般分为以下几个层次（图 8-4）：

① 耕作层（表土层）：经多年耕翻、施肥、灌溉熟化而成。颜色深、疏松、结构好，是作物根系集中分布的层次，一般深度在 15～20 cm，代号为 A。

② 犁底层（亚表土层）：长期受犁、畜、机械的挤压，土壤紧实，有一定的保水保肥作用，一般厚 6～8 cm。如果犁耕深度经常变化，或质地较粗的砂质旱地，该层往往不明显，代号为 Ap。

③ 心土层：此层受上部土体压力而较紧实，耕作层养分随水下移淋溶到此层，受耕作影响不深，根系分布较少，厚度一般为 20～30 cm，代号为 B。

④ 底土层：位于心土层以下，不受耕作的影响，根系极少，保持着母质或自然土壤淀积层的原来面貌，还可能是水位影响的潜育层，代号为 C。

土层划分之后，用钢卷尺从地表向下量取各层深度，以与残落物接触的矿质土表为零点，分别向上、向下测量，并记录深度变幅。如：

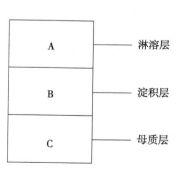

图 8-3 土壤的基本发生层次

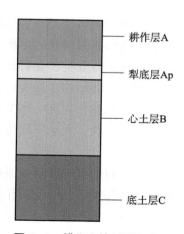

图 8-4 耕作土壤剖面示意图

O　4/6 ~ 0 cm

A　0 ~ 17/22 cm

B　17/22 ~ 34/36 cm

（2）土壤颜色

土壤颜色可以反映土壤的矿物组成和有机质的含量。鉴别土壤颜色可用门塞尔（Munsell）比色卡判定，该比色卡的颜色命名是根据色调、亮度、彩度三种属性的指标来表示的。色调即土壤呈现的颜色；亮度指土壤颜色的相对亮度，把绝对黑定为0，绝对白定为10，由0到10逐渐变亮；彩度指颜色的深浅程度，例如：5YR 5/6表示色调为亮红棕色、亮度为5、彩度为6，同时描述干色（指风干时）与润色（指在风干土上滴上水珠，待表面水膜消失后的颜色）。

使用比色卡时应注意：①比色时光线要明亮，野外不要在阳光直射下比色，室内比色最好靠近窗口比色。②土块应是新鲜的断面，表面要平整。③土壤颜色不一致时，则每种颜色均要描述。

（3）土壤湿度

土壤湿度是土壤极不稳定的特征之一，它最易受气候、地形起伏、人为耕作、灌溉措施等的影响。通过土壤湿度的观察，可以看出土壤地下水的高低和土壤墒情的好坏等。土壤干湿状况可通过手感法确定，一般分为以下五级。

① 干：土壤放在手中不感到凉意，吹之尘土飞扬。土壤水分含量在凋萎系数以下。

② 润：土壤放在手中有凉意，吹之无尘土飞扬。土壤水分含量高于凋萎系数，低于田间持水量。

③ 湿润：土壤在手中有明显湿的感觉。土壤水分含量约等于田间持水量。

④ 潮润：土壤在手中留下明显湿印，能捏成土团，不能挤出水。土壤水分含量高于田间持水量。

⑤ 湿：土壤水分过饱和，手捏土壤时有水流出。土壤空隙中充满水分。

（4）土壤结构

土壤结构是土壤颗粒（单粒和复粒）的排列、组合形式。此定义包含两重含义：结构体和结构性。土壤结构体是指在自然状态下沿胶结作用比较弱的面自然碎散形成的土壤结构单元。土壤结构体依据它的形态、大小和特性等进行区分，最常见的是根据形态和大小等外部形状来进行分类。在野外土壤调查中观察土壤剖面中的结构，应用最广的是形态分类。自然土壤的结构体种类可以作为土壤鉴定的依据，而耕作土壤的结构体种类可以反映土壤的培肥熟化程度、水文条件等。野外调查中，将大土块于手中轻抛，使其自然散碎而获得的形状、大小不同的土团，按表8-1进行描述。

（5）土壤质地

土壤中各粒级土粒的组合比例关系称土壤的机械组成，并由此确定土壤质地。土壤根据其机械组成的近似性，划分为若干类别称质地类别，土壤质地对土壤分类、土壤肥力性状和土地利用具有重要意义。

在室内采用机械组成分析是鉴定土壤质地比较精确的方法，在野外一般都采用比较

表 8-1 土壤结构分类表（按查哈洛夫）

类	型	种	大小
I 类：结构体三轴等长	一、面棱不明显，形体不明显		直径大小
	块状	大块状	> 10 cm
		小块状	10 ~ 5 cm
	团块状	大团块状	5 ~ 3 cm
		团块状	3 ~ 1 cm
		小团块状	1 ~ 0.5 cm
	二、面棱显著，结构单位明显		横断面大小
	核状	大核状	20 ~ 10 mm
		核状	10 ~ 7 mm
		小核状	7 ~ 5 mm
	粒状	大粒状	5 ~ 3 mm
		粒状	3 ~ 1 mm
		小粒状	1 ~ 0.5 mm
II 类：结构体沿垂直轴发育	一、圆顶柱状		横断面大小
		大柱状	> 5 cm
		柱状	5 ~ 3 cm
		小柱状	< 3 cm
	二、尖顶柱状，大棱柱状		> 5 cm
		棱柱状	5 ~ 3 cm
		小棱柱状	3 ~ 1 cm
III 类：结构体沿水平轴发育	一、片状		厚度
		片状	> 5 mm
		板状	5 ~ 3 mm
		页状	3 ~ 1 mm
		叶状	< 1 mm
	二、鳞片状		
		泡沸状	> 3 mm
		粗鳞片状	3 ~ 1 mm
		小鳞片状	< 1 mm
IV 类：机耕作用形成，结构面不明显，棱角明显	一、垡状		
	新犁后的犁垡	大垡状	> 10 cm
		小垡状	10 ~ 5 cm
		坷状	< 1 cm
	二、碎块，晒垡冻垡后形成	碎块	2 ~ 1 cm
		小碎块	1 ~ 0.5 cm
	三、碎屑遇水不易散	碎屑	3 ~ 1 cm
		屑粒	< 0.5 cm

简单的手感法，如研碎法和卷搓法，此外也可借助放大镜观察来鉴定土壤质地。研碎法（干法）是指在自然湿润状态下，将土粒放在手指间摸试，根据其粗糙的程度大致可确定质地。卷搓法（湿法）是将土壤湿润到可塑性范围以内，把它卷搓成不同形状来确定质地。在野外，土壤质地鉴定最好是两者结合起来，通常采用国际制指感鉴定标准（表8-2）。

表8-2　土壤质地指感法鉴定标准

编号	质地名称	土壤状态	干捻感觉	能否湿搓成球（直径1 cm）	湿搓成条状况（直径2 cm）
1	砂土	松散的单粒状	研之有沙沙声	不能成球	不能成条
2	砂质壤土	不稳固的土块，轻压即碎	有砂的感觉	可成球，轻压即碎，无可塑性	勉强成断续短条，一碰即断
3	壤土	土块轻搓即碎	有砂质感觉，无沙沙声	可成球，压扁时边缘有多而大的裂缝	可成条，提起即断
4	粉砂壤土	有较多的云母片	面粉的感觉	可成球，压扁边缘有大裂缝	可成条，弯成2 cm直径的圆即断
5	黏壤土	干时结块，湿时略黏	干土块较难捻碎	湿球压扁的边缘有小裂缝	细土条弯成的圆环外缘有细裂缝
6	壤黏土	干时结大块，湿时黏韧	土块硬，很难捻碎	湿球压扁的边缘有细散裂缝	细土条弯成的圆环外缘无裂缝，压扁后有
7	黏土	干土块放在水中吸水很慢，湿时有滑腻感	土块坚硬捻不碎，用锤击亦难粉碎	湿球压扁的边缘无裂缝	压扁的细土环边缘无裂缝

如果土壤中砾质含量较高，则要考虑依据砾质含量来进行土壤质地分类，砾质含量的分级标准如下，统计的是石质直径大于2 mm砾石的含量（见表8-3）。

表8-3　砾质含量分级标准

砾质定级	砾质程度	面积比例
非砾质性	极少砾质	5%
少砾质性	少量砾质	5%~10%
中砾质性	多量砾质	10%~40%
多砾质性	极多砾质	>40%

（6）土壤松紧度

它是反映土壤物理性状的指标。目前测定松紧度的概念尚不统一，有的用坚实度，有的用硬度。坚实度是指单位容积的土壤被压缩时所需要的力，单位是 $kg \cdot cm^{-2}$；硬度是指土壤抵抗外力的阻力（抗压强度），单位用 Pa（帕）表示。测定土壤坚实度可使用土壤坚实度计。如果没有土壤坚实度计，可用采土工具（剖面刀、取土铲、土钻等）来定性测定。

根据土壤松紧情况，可把紧实度分为五级：

① 坚实：干燥时形成大的土块，极为坚硬，用手很难掰开，用刀切割会留下光亮的切面。这多为黏质无结构土壤和柱状碱土所具有的性状，其胶结物多为矿物质凝胶，如铁的氧化物或硅酸胶体等。

② 紧实：干燥时是很坚硬的小土块，用手也很难捏碎，但用力可以划出 1~2 cm 的刀痕。一般为黏质、重壤质、无结构、少孔隙的土壤所具有的性状。

③ 稍紧实：具有较好的微结构，或者其机械组成彼此间胶结不紧，土块放入手中略加处理即可自由地分散，用刀可较为容易地插入几厘米的深处。

④ 疏松：土壤结构之间多为裂隙和孔隙，干时易分散，刀子极易插入土中，一般多为砂质、砂壤质，非盐渍化而有结构的土壤所具有的特性。

⑤ 松散：干时为完全松散的土体，土粒间互不黏结，当轻轻加压容易散开，一般砂土都具有这种特性。

应当注意，以上五级均指土壤在干时或微湿润条件下的垒结状况。野外工作时如果土壤过干或过湿时，必须作一些补充描述和研究。

（7）土壤新生体

新生体是成土过程中由于自然因素，物质经过移动聚积而产生的具有某种形态或特征的物质。常见的新生体有下列几种：

① 石灰质新生体：以碳酸钙为主。形状多种多样，有假菌丝体、石灰结、眼状石灰、斑砂姜等，用盐酸试之起泡沫反应。

② 盐结皮、盐霜：由可溶性盐类聚积地表，形成白色盐结皮或盐霜，主要出现在盐渍化土壤上。

③ 铁锰淀积物：由铁锰化合物经还原、移动聚积而形成不同形态的新生体，例如锈斑、锈纹、铁锰结核、铁管、铁盘、铁锰胶膜。

④ 硅酸粉末：在白浆土及黑土下层的核块状结构表面有薄层星散的白色粉末，主要是无定形硅酸。

野外观察时，详细记录各种新生体的种类、性状、坚实度和厚度、在剖面中分布的特点，开始出现和终止出现的深度，大量集中的深度。根据新生体的种类、数量和分布层位，可判断土壤形成作用的方向与性质，判定土壤发育的条件。

（8）土壤侵入体

土壤侵入体一般指因人为活动加入土壤中的物质。侵入体包括土壤中的燃料残渣、砖块、瓦片、岩石碎块、动物骨骼等，是土壤的外来物，它们的存在与成土作用没有直接的关系，但可用来判断人类活动对土壤形成过程的影响。

（9）根系

植物根系发育状况是反映土壤质量好坏的指标之一，如土壤肥力条件较好，则根系一般发育正常,反之根系发育瘦弱。在草原土壤或森林土壤调查等专门性的工作中,进行根系的定量调查时,需绘制根系分布形态图等。以单位面积内根系的数量对剖面中根系数量进行记录(表 8–4)。

表 8–4 土壤剖面内根系分级

根系分级	没有根系	少量根系	中量根系	大量根系
标准(根条数·cm^{-2})	0	1~4	5~10	>10

(10)动物活动

调查土壤中动物活动可作为判断土壤肥力的间接指标,通常用目测法简单统计单位体积土体中土居动物的数量。

(11)土壤 pH

在野外,一般可用广泛 pH 试纸或 pH 混合指示剂测定土壤 pH。取少许土样(约黄豆大小)碾散,放在蜡纸或白瓷板中,加 pH 混合指示剂 5~8 滴,稍加摇动使其充分反应,1 min 后与 pH 比色卡对比,其读数即为 pH,可初步判断土壤的酸碱性。

(12)石灰反应

将 10% 的稀盐酸溶液直接滴在各发生层的土壤上,如有碳酸盐存在,则发生 CO_2 的泡沫反应,其反应式为:$CaCO_3 + 2HCl \longrightarrow CaCl_2 + H_2O + CO_2\uparrow$。根据泡沫反应的程度,大致确定土壤中含碳酸盐的情况,分级如表 8–5。

表 8–5 石灰反应等级

等级	现象	表示符号	碳酸盐含量
无石灰反应	没有气泡发生	–	<1%。
弱石灰反应	有微量泡沫,但很快消失	+	1%~3%
中度石灰反应	明显发泡,但不能持久	+ +	3%~5%
强石灰反应	剧烈发泡而持久	+ + +	>5%

(13)可溶性盐的简易测定

土壤中的氯化物、硫化物和碳酸钠的存在,应用定性反应方法来测定。

在试管中放入土壤 2~3 g,用蒸馏水浸透,液土比为 5:1,剧烈振荡 1~2 min,在水浸提液中加 100~150 $g\cdot L^{-1}$ KNO_3 溶液 0.5 mL,使试管静置,然后将澄清液转移至干净的试管中备用。

加入硝酸银($AgNO_3$),如有絮状沉淀产生,证明土壤中有氯化物。

加入氯化钡($BaCl_2$),如有白色硫酸钡沉淀产生,说明土壤中含有硫酸盐。

加入几滴酒精酚酞溶液后,如溶液呈樱桃红色,说明土壤有碳酸钠存在。

在备有土壤养分速测箱的情况下,在野外测定土壤、植株中的速效性养分(N、P、K 等),可为初步摸清土壤的简单理化性状及肥力状况提供资料。

8.5　土壤剖面的描述记录与样品的采集

挖掘土壤剖面的目的是详细描述和准确记录，并根据研究目的不同进行土壤样品的采集。

8.5.1　描述记录

按照剖面的要求挖掘土坑后，将坑壁削平，然后用小刀或小铲修整新鲜的土壤剖面壁，从上往下分别观察各种结构单位的自然断口，研究土壤剖面的整体构造，并划分土壤剖面的发生层次，然后加以详细描述和记录。在描述土壤剖面之前，应尽可能准确记载土壤剖面的地理位置，把图例画在底图上，并标上顺序号。

对于野外土壤剖面的记录，应根据调查目的而记录不同内容，一般按表 8-6 进行记载。

表 8-6　土壤剖面调查记录表

调查日期		天气状况		海拔		土地利用类型		
观察地点		成土母质		坡度		地形	大	
剖面位置	N　　E	母质类型		坡向			中	
剖面编号		土壤名称		侵蚀状况			小	

植被类型	乔木		郁闭度	
	灌木		盖度	
	草本			

形态特征	层次	深度	颜色	质地	结构	湿度	紧实度	新生体	侵入体	根系	石灰反应
土壤剖面描述											
土壤剖面综合形态分析											
备注											
调查人				记录人							

8.5.2　样本采集

在剖面观察和描述后，为了对土壤肥力性状及发生学特征有全面深入的了解，可根据研究目的不同进行土壤样品的采集，有如下几种方法。

（1）纸盒标本（比样标本）

纸盒标本主要用于室内土壤评比、分类和陈列。把调查区有关主要制图单位的土壤标本分层装入土盒内，土盒一般为长方体（20 cm×5 cm×2 cm），有顶盖和底盒，底盒分 5~7 格。取样时应自下而上依次在各层中选择有代表性的部位，逐层采集原状土，依次放入木盒或塑料盒中的每一格内，结构面朝上。在土盒的盖子上应记录剖面编号、剖面地点、土壤名称、各土层深度、采集人、采集日期等信息，同时应在纸盒的底部注明剖面编号及各层深度。标本采完后用橡皮筋束紧，勿倒置，勿侧放，带回实验室风干保存。

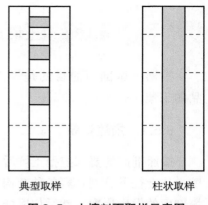

典型取样　　　　柱状取样

图 8-5　土壤剖面取样示意图

（2）整段标本

整段标本是土壤剖面的完整标本，供展览陈列及教学示范等需要。要选择代表性和典型性的剖面进行采集。整段标本一般用木盒采集，木盒长 100 cm、宽 20 cm、厚 5~8 cm，板厚 1.5 cm，上下盖板均可抽动。

在采样地点剖面开挖后，观察面按上述木盒的大小修成一个突出直立的土柱，将木盒盖板抽掉，套进土柱，慢慢将土柱与土壤的连接处切断，整段标本放平，初步修去多余的土，盖上盖板，注明采集地点、土壤代码、名称等，以备装运。整段取样一般比较笨重，另一种采集方法是使用聚乙酸乙烯乳液等作为黏合剂，黏结薄层土壤整段标本，这类标本可以是板底黏结薄层土壤整段标本，也可以是黏布标本，一般可根据土壤性质、采集点的交通条件等确定使用。用黏布粘取薄层土样代替整段取样，运输及存放均较轻便，但技术要求高，黏合剂也要求严格，否则容易脱落，不易保存。

（3）剖面性质分析样本

剖面发生学性质分析样品一般按土壤类型采集，采样方法分为 2 种（图 8-5）。

① 典型取样法：取样方法基本同纸盒标本类似，即根据划分的土层，自下而上逐层取样，并在各层的代表性部位挖取 5~10 cm 厚、250~500 g 的土样，装入纸袋或布袋中，用铅笔做记录。

② 柱状取样法：在土壤剖面中，按发生层在各层范围内均匀取样，使整个剖面成为上下一致的土柱（图 8-5），一般每层采集 1 kg 左右土样。如果是盐渍土，为了分析各层的盐分含量，必须采取此方法。

取样后应按剖面层次用铅笔写好标签，注明剖面编号、土壤名称、采集地点、层次及深度、采集人、采集日期等，一式两份，分别放在袋内和袋外，以备查考。

（4）理化分析样本

为了解调查区内耕层土壤养分状况，作为合理施肥和利用土地的依据，一般采用土壤农化法取样分析，其特点是不从整个剖面分层取样，而是只采集表土层（或耕层和犁底层）。采样时可按照产量水平、处理和土壤类型布点采集，并根据土壤性质的变异性确定采样密度，可采用点位样，也可采用多点混合样，一般采集样品约 0.5 kg。

如果进行土壤容重、比重、孔隙度、结构等物理性状的分析，一般要用特制的容器（如环刀或标本匣），严加密封，以保持土壤的原状。

8.6　土壤剖面的恢复

观察、取样完成后应将剖面土壤回填。回填时应先填底土层后再填表土层，尽量恢复原样。

8.7　土壤微形态的观察与研究

土壤独特的形态与物质的分布状况，从宏观与微观角度均可判断。一个完整的土壤调查，应该是把微形态分析与剖面形态鉴定、腐殖质类型鉴定结合起来，从各个角度进行系统的观察、记录，以便对土壤性质提供全面的认识。实际上，微形态已成为土壤分类的重要标准。所谓土壤的成土过程，是指在土壤的各微小部位进行着的多种物质的迁移、转化的总和，它充分反映了土壤化学、物理学、生物学的各种性质。因此，对土壤微形态的观察与记录有助于加深对土壤形成过程的理解。

宏观与微观的界限是以肉眼能否识别作为分界，大致以 0.2 mm 作为微观的上限，因此，要进行微形态的观察，就必须借助放大镜、光学显微镜、电子显微镜等仪器。在野外，首先利用放大镜进行微结构的观察，观察原生矿物有没有被次生矿物所覆盖，斑纹形态、微细结核的存在，肉眼难以辨认的植物残体、土壤小动物种类、菌丝、假菌丝等，根据这些观察选取典型部位采集样品。采样时要保持土壤的原状，不破坏土壤剖面的自然状态，不受其他物质的污染，因此一般采用容重筒或特制采样设备采样，现场封存，带回室内再进行详细的观察与研究。

【思考题】

1. 土壤剖面的选择应注意哪些事项？
2. 主要的土壤剖面形态特征有哪些？
3. 新生体和侵入体有何区别？
4. 在野外如何鉴定土壤质地？
5. 从哪几个方面对土壤剖面的观测结果进行分析？

附　录

附录1　土壤学实验室规范

一、管理制度

1. 实验人员需严格遵守实验室管理制度和实验操作步骤，防止安全事故发生。

2. 每日最后离开实验室的人员要负责检查水、电、门、窗等相关设施的关闭情况，确保安全方可离开。

3. 注意人身及设备安全，与实验室无关的易燃、易爆物品不得随意带入实验室。

4. 所有人员每次操作设备前都要认真阅读仪器设备的使用说明，尤其是操作规程和安全注意事项，严格按照操作规程进行操作。

5. 所有实验人员不得在实验室进行与实验无关的行为或活动。

二、安全制度

土壤实验室中会经常接触强酸、强碱、有腐蚀性的化学药品，使用易碎的玻璃器皿，以及高温的烘箱、马弗炉、砂浴、油浴等设备，因此必须十分重视实验室的安全工作。加强实验室安全教育，自行定期进行安全学习。实验室入室人员需认真学习《实验室安全手册》，增强实验室安全意识，同时做好实验室安全通报工作。

1. 所有进入实验室的人员都要严格遵守实验室的规章制度，了解实验室的安全，熟悉所用设备的操作规程和安全注意事项，发现安全隐患应及时报告实验室管理人员。

2. 工作结束和离开实验室前，应关闭一切水、电、气闸及门、窗。如果工作期间曾出现过水、电、气中断，则更应注意关闭有关闸阀。

3. 使用电器设备（如烘箱、砂浴）时，必须有专人守护，严防高温失火，绝不可用湿手操作电闸和电器开关。

4. 使用浓酸、浓碱时必须非常小心，防止溅失。用吸管吸取这些试剂时，必须使用橡皮洗耳球，若不慎溅在实验台或地面，必须及时用湿抹布擦洗干净，如果触及皮肤，应立即用喷淋水龙头冲洗。

5. 使用可燃性的易燃品（如乙醚、丙酮、乙醇、苯、金属钠等）时应特别小心，不要大量放在桌面上，更不能接近火焰处。只有在远离火源或将火焰熄灭后，才可大量倾倒易燃液体。低沸点的有机溶剂严禁在火焰上直接加热，只能在水浴上利用回流冷凝管加热或蒸馏。

6. 实验室内易制毒品柜实行双人双管制度，提高安全系数。学生在使用危险化学品的过程中必须做好使用易制毒品的记录，且在使用后确认药品是否密封好，并将其放回原处，锁好柜子；学生使用危险化学品过程中产生的安全问题，指导老师承担同等责任和管理责任。

7. 易燃、易爆物质的残渣（如金属钠、白磷、火柴头），不得倒入废污物桶或水槽中，应收集在指定的容器内统一处理。

8. 废液，特别是强酸和强碱不能直接倒在水槽中，应先稀释再倒入水槽，再用大量自来水冲洗水槽及下水道。

三、卫生制度

1. 进入实验室的所有人员，必须穿着实验服，保持整洁、文明、肃静，遵守实验室的规章制度。

2. 实验室内各种设备、物品摆放要合理、整齐，与实验无关的物品禁止带入、存放在实验室。

3. 实验人员在实验过程中要注意保持室内卫生及良好的实验习惯。每次实验结束后，必须及时做好清洁整理工作，将实验台、仪器设备、器皿等清洁干净，并将仪器设备和器皿按规定归类放好，不得随意放置。实验所产生的废物应及时放入废物箱内，并及时处理，在离开实验室前必须对实验室进行清扫。

四、实验室灭火知识

实验室一旦发生了火灾，切不可惊慌失措，应保持镇静。首先立即切断室内一切火源和电源，然后根据具体情况积极正确地进行抢救和灭火。常用的方法有：

1. 当可燃性液体燃烧时，应立即移走着火区域内的一切可燃物质。用灭火毯、湿抹布或沙土覆盖，隔绝空气，使之熄灭。

2. 酒精及其他可溶于水的液体着火时，可用水灭火。

3. 汽油、乙醚、甲苯等有机溶剂着火时，应用灭火毯或沙土扑灭，绝对不能用水灭火。

4. 金属钠着火时可用沙子覆盖灭火。

5. 导火线着火时，不能用水及二氧化碳灭火器灭火，应立刻切断电源或用四氯化碳灭火器灭火。

6. 衣服被烧着时，切忌奔走，可用衣服、大衣等包裹身体，或躺在地上滚动以灭火。

7. 发生火灾时应保护现场，较大的火灾事故应立刻报警。

附录 2　常用元素的原子量

元素	符号	原子量	元素	符号	原子量	元素	符号	原子量
银	Ag	107.868	氢	H	1.007 9	铷	Rb	85.467 8
铝	Al	26.981 54	氦	He	4.002 60	铑	Rh	102.905 5
氩	Ar	39.948	汞	Hg	200.59	氡	Rn	（222）
砷	As	74.921 6	碘	I	126.904 5	钌	Ru	101.07
金	Au	196.966 5	铟	In	114.82	硫	S	32.06
硼	B	10.81	钾	K	39.098	锑	Sb	121.75
钡	Ba	137.33	氪	Kr	83.80	钪	Sc	44.955 9
铍	Be	9.012 18	镧	La	138.905 5	硒	Se	78.966
铋	Bi	208.980 4	锂	Li	6.941	硅	Si	28.085 5
溴	Br	79.904	镁	Mg	24.305	锡	Sn	118.69
碳	C	12.011	锰	Mn	54.938 0	锶	Sr	87.62
钙	Ca	40.08	钼	Mo	95.94	碲	Te	127.60
镉	Cd	112.41	氮	N	14.006 7	钍	Th	232.038 1
铈	Ce	140.12	钠	Na	22.989 77	钛	Ti	47.90
氯	Cl	35.453	氖	Ne	20.179	铊	Tl	204.37
钴	Co	58.933 2	镍	Ni	58.70	铀	U	238.029
铬	Cr	51.996	氧	O	15.999 4	钒	V	50.941 5
铯	Cs	132.905 4	锇	Os	190.2	钨	W	183.85
铜	Cu	63.546	磷	P	30.973 76	氙	Xe	131.29
氟	F	18.998 4	铅	Pb	207.2	锌	Zn	65.39
铁	Fe	55.847	钯	Pd	106.4	锆	Zr	91.22
镓	Ga	69.72	铂	Pt	195.09			
锗	Ge	72.59	镭	Ra	226.025 4			

附录 3　一般化学试剂的分级

级别	习惯等级与代号	标签颜色	附注
一级	保证试剂（优级纯，G.R.）	绿色	纯度最高，杂质含量很少。适用于精确分析和研究工作，有的可作为基准物质
二级	分析纯（A.R.）	红色	纯度较高，杂质含量较低。适用于一般分析及科研研究工作，为分析实验室广泛使用

续表

级别	习惯等级与代号	标签颜色	附注
三级	化学纯（C.P.）	蓝色	质量略低于二级试剂，适用于工业分析和快速分析
四级	实验试剂（L.R）	棕色	纯度较低，但高于工业用的试剂，适用于一般定性检验

附录 4　常用酸碱的相对密度和浓度

名称	分子式	密度 ρ（20℃）/（$g \cdot cm^{-3}$）	质量分数 ω /%	浓度 c_B /（$mol \cdot L^{-1}$）	配制 1 L、1 $mol \cdot L^{-1}$ 溶液所需体积 /mL
盐酸	HCl	1.18	36	11.6	86.2
硝酸	HNO_3	1.42	70	16.0	62.5
硫酸	H_2SO_4	1.84	98	18.0	54.4
磷酸	H_3PO_4	1.69	85	14.6	69
高氯酸	$HClO_4$	1.66	70	11.6	85.8
无水乙酸	CH_3COOH	1.05	99.5	17.4	57.5
氢氧化钠	NaOH	1.53	50	19.1	52.4
氢氧化铵	NH_4OH	0.90	27	14.3	67.6
氢氧化钾	KOH	1.53	50	13.5	74.1

注：物质 B 的浓度 c_B=（1 000×ρ×ω）/ 摩尔质量。式中，1 000 表示毫升换算成升的系数。

附录 5　标准酸碱溶液的配制和标定

标准溶液配制应按《化学试剂 标准滴定溶液的制备》（GB/T 601—2016）、《化学试剂杂质测定用标准溶液的制备》（GB/T 602—2002）、《化学产品化学分析常用标准滴定溶液、标准溶液、试剂溶液和指示剂溶液》（HG/T 2843—1997）或指定分析方法的要求配制。

5.1　氢氧化钠标准溶液

（1）氢氧化钠标准溶液的配制：见附表 1–1。

119

附表 1-1　氢氧化钠饱和溶液的体积

NaOH 标准溶液浓度 / （mol·L^{-1}）	1 L 溶液所需 NaOH 质量 /g	所需饱和 NaOH 溶液体积 /mL	标定所需的邻苯二甲酸氢钾的质量 /g
0.05	2.0	2.7	0.47 ± 0.005
0.1	4.0	5.4	0.95 ± 0.05
0.2	8.0	10.9	1.9 ± 0.05
0.5	20.0	27.2	4.75 ± 0.05
1.0	40.0	54.5	9.00 ± 0.05

① 饱和 NaOH 溶液的配制：称取 162 g NaOH，溶于 150 mL 无 CO$_2$ 水中，冷却至室温，过滤，倒入聚乙烯容器中，密闭放置至上层溶液清亮（放置时间约 1 周）。

② 不同浓度 NaOH 标准溶液的配制：按附表 1-1 量取（或用塑料管虹吸）饱和 NaOH 上清液，用无 CO$_2$ 水稀释至 1 L，混匀。贮存在带有碱石灰干燥管的密闭聚乙烯瓶中，防止吸入空气中的 CO$_2$。

（2）标定：称取在 105～110℃烘至恒重的邻苯二甲酸氢钾（精确至 0.000 1 g），溶于 100 mL 无 CO$_2$ 的水中，加入 2～3 滴酚酞指示剂（10 g·L^{-1}），用 NaOH 标准溶液滴定至呈粉红色为终点（附表 1-1）。

（3）计算：

$$c(\text{NaOH}) = \frac{m}{0.204\,2 \times V}$$

式中：$c(\text{NaOH})$ 为 NaOH 标准溶液的浓度（mol·L^{-1}）；m 为称取邻苯二甲酸氢钾的质量（g）；V 为滴定消耗 NaOH 溶液的体积（mL）；0.204 2 为与 1.00 mL 1.000 mol·L^{-1} NaOH 标准溶液相当的邻苯二甲酸氢钾的质量（g）。

（4）稳定性：NaOH 标准溶液推荐使用聚乙烯容器贮存，使用玻璃容器溶液易出现不溶物，必须经常标定。

5.2　盐酸标准溶液

（1）HCl 标准溶液的配制：不同浓度 HCl 标准溶液的配制见附表 1-2。按附表 1-2 量取 HCl 转移至 1 L 容量瓶中，用水稀释至刻度，混匀，贮存于密闭玻璃瓶内。

（2）标定：准确称取在 160～200℃灼烧至恒重的基准无水碳酸钠（精确至 0.000 1 g），加 50 mL 水溶解，再加 2 滴甲基红指示剂，用配制好的 HCl 溶液滴定至红色出现，小心煮沸溶液至红色褪去，冷却至室温，继续滴定、煮沸、冷却，直至刚出现的微红色再加热时不褪色为止（附表 1-2）。

（3）计算：

$$c(\text{HCl}) = \frac{m}{0.052\,99 \times V}$$

附表 1-2　量取 HCl 的体积与标定所需无水碳酸钠质量

HCl 标准溶液浓度 / (mol·L⁻¹)	0.05	0.1	0.2	0.5	1.0
配制 1 L HCl 溶液所需 HCl 体积 /mL	4.2	8.3	16.6	41.5	83.0
无水碳酸钠的质量 /g	0.11 ± 0.001	0.22 ± 0.01	0.44 ± 0.01	1.10 ± 0.01	2.20 ± 0.01

式中：$c(HCl)$ 为 HCl 标准溶液的浓度（mol·L⁻¹）；m 为称取无水碳酸钠的质量（g）；V 为滴定消耗 HCl 溶液的体积（mL）；0.052 99 为与 1.00 mL 1.000 mol·L⁻¹ HCl 标准溶液相当的无水碳酸钠的质量（g）。

（4）稳定性：HCl 标准溶液每月应重新标定一次。

5.3　硫酸标准溶液

（1）不同浓度硫酸标准溶液的配制：按附表 1-3 所列，量取 H_2SO_4 缓慢注入 400 mL 水中，混匀。冷却后移入 1 L 容量瓶中定容，贮存于密闭的玻璃容器内。

附表 1-3　量取 H_2SO_4 的体积与标定所需无水碳酸钠的质量

H_2SO_4 标准溶液浓度 $c(\frac{1}{2}H_2SO_4)$ / (mol·L⁻¹)	0.05	0.1	0.2	0.5	1.0
配制 1 L H_2SO_4 溶液所需硫酸体积 /mL	1.5	3.0	6.0	15.0	30.0
无水碳酸钠质量 /g	0.11 ± 0.001	0.22 ± 0.01	0.44 ± 0.01	1.10 ± 0.01	2.20 ± 0.01

（2）标定：按附表 1-3 所列，准确称取在 160～200 ℃灼烧至恒重的基准无水碳酸钠（精确至 0.000 1 g），加 50 mL 水溶解，再加 2 滴甲基红指示剂，用配制好的 H_2SO_4 溶液滴定至红色刚出现，小心煮沸溶液至红色褪去，冷却至室温，继续滴定、煮沸、冷却，直至刚出现的微红色再加热时不褪色为止。

（3）计算：

$$c(\tfrac{1}{2}H_2SO_4) = \frac{m}{0.105\,99 \times V}$$

式中：$c(\frac{1}{2}H_2SO_4)$ 为 H_2SO_4 标准溶液的浓度（mol·L⁻¹）；m 为称取无水碳酸钠的质量（g）；V 为滴定消耗 H_2SO_4 溶液的体积（mL）；0.105 99 为与 1.00 mL H_2SO_4 标准溶液 $[c(\frac{1}{2}H_2SO_4) = 1\ mol·L^{-1}]$ 相当的无水碳酸钠的质量（g）。

（4）稳定性：H_2SO_4 标准溶液每月应重新标定一次。

附录6　常用基准试剂的处理方法

基准试剂名称	标定的溶液	摩尔质量 / $(g \cdot mol^{-1})$	处理方法
硼砂（$Na_2B_4O_7 \cdot H_2O$）	标准酸	219.24	在盛有蔗糖和食盐的饱和水溶液的干燥器内平衡1周
无水碳酸钠（Na_2CO_3）	标准酸	105.99	$160 \sim 200℃$，$4 \sim 6\,h$
邻苯二甲酸氢钾（$KHC_8H_4O_4$）	标准碱	204.22	$105 \sim 110℃$，$4 \sim 6\,h$
草酸（$H_2C_2O_4 \cdot 2H_2O$）	标准碱或高锰酸钾	126.066	室温
草酸钠（$Na_2C_2O_4$）	高锰酸钾	134.000	$150℃$，$2 \sim 4\,h$
重铬酸钾（$K_2Cr_2O_7$）	硫代硫酸钠等还原剂	294.186	$130℃$，$3 \sim 4\,h$
氯化钠（$NaCl$）	银盐	58.443	$105℃$，$4 \sim 6\,h$
金属锌（Zn）	EDTA	65.38	在干燥器中干燥 $4 \sim 6\,h$
金属镁（Mg）	EDTA	24.305	$100℃$，$1\,h$
碳酸钙（$CaCO_3$）	EDTA	100.088	$105℃$，$2 \sim 4\,h$

注：基准试剂规格均为分析纯。

附录7　常用化合物的溶解度

名称	分子式	溶解度	名称	分子式	溶解度
硝酸银	$AgNO_3$	218	硝酸钾	KNO_3	31.6
硫酸铝	$Al_2(SO_4)_3 \cdot 18H_2O$	36.4	氢氧化钾	$KOH \cdot 2H_2O$	112
氯化钡	$BaCl_2$	35.7	硫酸锂	Li_2SO_4	34.2
氢氧化钡	$Ba(OH)_2$	3.84	硫酸镁	$MgSO_4 \cdot 7H_2O$	26.2
氯化钙	$CaCl_2$	74.5	草酸铵	$(NH_4)_2C_2O_4$	4.4
乙酸钙	$Ca(C_2H_3O_2)_2 \cdot 2H_2O$	34.7	氯化铵	NH_4Cl	37.2
氢氧化钙	$Ca(OH)_2$	1.65×10^{-1}	硫酸铵	$(NH_4)_2SO_4$	75.4
硫酸铜	$CuSO_4$	20.7	硼砂	$Na_2B_4O_7 \cdot 10H_2O$	2.7
三氯化铁	$FeCl_3$	91.9	乙酸钠	$NaC_2H_3O_2 \cdot 3H_2O$	46.5
硫酸亚铁	$FeSO_4 \cdot 7H_2O$	26.5	乙酸钠	$NaC_2H_3O_2$	123.5
氯化汞	$HgCl_2$	6.6	氯化钠	$NaCl$	36.0

续表

名称	分子式	溶解度	名称	分子式	溶解度
碘	I_2	2.9×10^{-2}	氢氧化钠	NaOH	109.0
溴化钾	KBr	65.8	碳酸钠	$Na_2CO_3 \cdot 10H_2O$	21.5
氯化钾	KCl	34.0	碳酸钠	$Na_2CO_3 \cdot H_2O$	50.5(30℃)
碘化钾	KI	144	碳酸氢钠	$NaHCO_3$	9.6
重铬酸钾	$K_2Cr_2O_7$	13.1	磷酸氢二钠	$Na_2HPO_4 \cdot 12H_2O$	7.7
碘酸钾	KIO_3	8.13	硫代硫酸钠	$Na_2S_2O_3$	70.0
高锰酸钾	$KMnO_4$	6.4			

表中数值表示 20℃时每 100 g 水中所含溶质的克数。凡不是在 20℃时的溶解度，都在溶解度数据的后面注明温度。

附录 8　常见试剂与特殊试剂的保存

附表 8-1　常见试剂的保存

保存方法		原因	保存的物质
广口瓶或细口瓶		便于取用	广口装固体，细口装液体
瓶塞	用橡皮塞	防腐蚀	不能存放 HNO_3、液溴
	用玻璃塞	防粘	不能存放 NaOH、Na_2CO_3、Na_2S
液封	水封	防氧化、挥发	白磷（P_4）、液溴
	煤油封	防氧化	Na、K
	石蜡油封	防氧化	Li
塑料瓶		SiO_2 与 HF 反应	NH_4F、HF
棕色瓶		见光分解	HNO_3、氯水
		防挥发	HCl、HNO_3、$NH_3 \cdot H_2O$
密封		防氧化	Na_2SO_3、H_2S、Fe^{2+}
		防吸水及 CO_2	漂白粉、碱石灰
		防吸水	CaC_2、$CaCl_2$、P_2O_5、浓 H_2SO_4

附表 8-2　特殊试剂的保存

特殊性质	试剂	保存方法
空气中易被氧化	硫酸亚铁、Na_2SO_3、活泼金属单质、白磷、氢硫酸、苯酚、醚、醛类、抗坏血酸和一切还原剂	隔绝空气或密封
易吸收 CO_2	CaO、NaOH、Ca(OH)$_2$、Na_2O_2 等	
易变质	丙酮酸钠、乙醚和许多生物制品（常需冷藏）	

续表

特殊性质	试剂	保存方法
易吸湿	无水 $CuSO_4$、CaO、NaOH、KOH、KI、无水 $CaCl_2$、浓 H_2SO_4、P_2O_5、CaC_2、$FeCl_3 \cdot 6H_2O$、三氯乙酸	
易失水风化	$Na_2CO_3 \cdot 10H_2O$、$Na_2SO_4 \cdot 10H_2O$、硫酸亚铁、含水磷酸氢二钠、硫代硫酸钠等	
见光或受热易分解	$AgNO_3$、HNO_3、氨水、双氧水等	避光保存，棕色瓶盛放且置于冷、暗处
见光变化	硝酸银（变黑）、酚（变淡红）、氯仿（产生光气）	
见光分解	双氧水、氯仿、漂白粉、氰氢酸	
见光氧化	乙醚、醛类、亚铁盐和一切还原剂	
易挥发或升华	浓氨水、浓盐酸、浓硝酸、液溴、乙酸乙酯、二硫化碳、四氯化碳、醚、甲醛、乙醇、丙酮、汽油、碘、萘等	置于冷、暗处密封保存
遇火易燃危险品	汽油、苯、乙醇、酯类物质等有机溶剂和红磷、硫、镁、硝酸纤维等；白磷能自燃	分类存放并远离火源
与可燃物接触危险	高锰酸钾、氯酸钾、硝酸钾、过氧化钠等	
易爆	硝酸纤维、硝酸铵等	
剧毒	氰化物、汞盐、黄磷、氯化钡、硝基苯等	
强腐蚀性	强酸、强碱、液溴、甲醇、苯酚、氢氟酸、乙酸等	
不宜长久放置	硫酸亚铁溶液、氯水、氢硫酸、银氨溶液	现用现配
易爆炸、剧毒	硝酸盐类、过氯酸、叠氮化钠、氰化钾（钠）、汞、溴	特殊方法保存、保管
易燃	乙醚、甲醇、乙醇、丙醇、苯、甲苯、二甲苯、汽油	
腐蚀	强酸、强碱、酚	

附录 9　实验室的临时急救措施

种类		急救措施
灼伤	火灼	一度烫伤（皮肤发红）：把棉花用无水乙醇或 90% ~ 95% 乙醇浸湿，盖于伤处或用麻油浸过的纱布盖敷 二度烫伤（皮肤起泡）：用上述处理也可，或用 30 ~ 50 $g \cdot L^{-1}$ 高锰酸钾或 50 $g \cdot L^{-1}$ 现制单宁溶液如上法处理 三度烫伤：用消毒棉包扎，请医生诊治
	酸灼	1. 若强酸溅洒在皮肤或衣服上，立刻用大量水冲洗，然后用 50 $g \cdot L^{-1}$ 碳酸氢钠清洗伤处 2. 氢氟酸灼伤时，用水洗伤口至苍白，用新鲜配制的 20 $g \cdot L^{-1}$ 氧化镁甘油悬液涂之 3. 眼睛酸伤，先用水冲洗，然后再用 30 $g \cdot L^{-1}$ 碳酸氢钠洗眼，严重者请医生医治
	碱灼	若强碱溅洒在皮肤或衣服上，立刻用大量水冲洗，可用 20 $g \cdot L^{-1}$ 硼酸或 20 $g \cdot L^{-1}$ 乙酸洗之 眼睛碱伤先用水冲洗，并用 20 $g \cdot L^{-1}$ 硼酸洗之

种类	急救措施
创伤	若伤口不大、出血不多，可用3%双氧水将伤口周围擦净，涂上红汞或碘酒，必要时撒上一些磺胺消炎粉。严重者须先涂上紫药水，然后撒上磺胺消炎粉，用纱布按压伤口，立即就医缝治
中毒	1. 一氧化碳、乙炔、稀氨水及煤气中毒时，应将中毒者移至空气新鲜流通处（勿使身体着凉），进行人工呼吸，输氧或二氧化碳混和气 2. 生物碱中毒时，用活性炭水浊液灌入，引起呕吐 3. 汞化物中毒时，若误入口者，应吃生鸡蛋或牛奶（约1L）引起呕吐 4. 苯中毒时，若误入口者，应服腹泻剂，引起呕吐；吸入者进行人工呼吸，输氧 5. 苯酚（石炭酸）中毒时，大量饮水、石灰水或石灰粉水，引起呕吐 6. NH_3中毒时，口服者应饮用带有醋或柠檬汁的水，或植物油、牛奶、蛋白质，引起呕吐 7. 酸中毒时，饮入苏打水和水，服用氧化镁，引起呕吐 8. 氟化物中毒时，应饮 $20\,g \cdot L^{-1}$ 氯化钙，引起呕吐 9. 氰化物中毒时，饮浆糊、牛奶等，引起呕吐 10. 高锰酸盐中毒时，饮浆糊、牛奶等，引起呕吐
其他	1. 各种药品失火：如果是电失火，应先切断电源，用二氧化碳或四氯化碳等灭火，油或其他可燃液体着火时，除以上方法外，应用砂或浸湿的衣服等扑灭 2. 如果是工作人员触电，不能直接用手拖拉，离电源近的应切断电源，如果离电源远，应用木棒把触电者拨离电线，然后把触电者放在阴凉处，进行人工呼吸并输氧

郑重声明

高等教育出版社依法对本书享有专有出版权。任何未经许可的复制、销售行为均违反《中华人民共和国著作权法》，其行为人将承担相应的民事责任和行政责任；构成犯罪的，将被依法追究刑事责任。为了维护市场秩序，保护读者的合法权益，避免读者误用盗版书造成不良后果，我社将配合行政执法部门和司法机关对违法犯罪的单位和个人进行严厉打击。社会各界人士如发现上述侵权行为，希望及时举报，我社将奖励举报有功人员。

反盗版举报电话　（010）58581999　58582371
反盗版举报邮箱　dd@hep.com.cn
通信地址　北京市西城区德外大街4号　高等教育出版社法律事务部
邮政编码　100120

读者意见反馈

为收集对教材的意见建议，进一步完善教材编写并做好服务工作，读者可将对本教材的意见建议通过如下渠道反馈至我社。

咨询电话　400-810-0598
反馈邮箱　gjdzfwb@pub.hep.cn
通信地址　北京市朝阳区惠新东街4号富盛大厦1座　高等教育出版社总编辑办公室
邮政编码　100029

防伪查询说明

用户购书后刮开封底防伪涂层，使用手机微信等软件扫描二维码，会跳转至防伪查询网页，获得所购图书详细信息。

防伪客服电话　（010）58582300